手机摄影
从入门到精通

李雪刚◎编著

U0222372

北京时代华文书局

图书在版编目（CIP）数据

手机摄影从入门到精通 / 李雪刚编著 . -- 北京：
北京时代华文书局 , 2020.6（2021.9重印）
ISBN 978-7-5699-3655-1

Ⅰ . ①手… Ⅱ . ①李… Ⅲ . ①移动电话机－摄影技术
Ⅳ . ① J41② TN929.53

中国版本图书馆 CIP 数据核字 (2020) 第 061496 号

手 机 摄 影 从 入 门 到 精 通
SHOUJI SHEYING CONG RUMEN DAO JINGTONG

编　　著 | 李雪刚

出 版 人 | 陈　涛
选题策划 | 王　生
责任编辑 | 周连杰
封面设计 | 乔景香
责任印制 | 刘　银

出版发行 | 北京时代华文书局 http://www.bjsdsj.com.cn
　　　　　北京市东城区安定门外大街136号皇城国际大厦A座8楼
　　　　　邮编：100011　　电话：010-64267955　64267677

印　　刷 | 三河市祥达印刷包装有限公司　　电话：0316－3656589
　　　　　（如发现印装质量问题，请与印刷厂联系调换）

开　　本 | 170mm×240mm　1/16　印　张 | 14　字　　数 | 180千字
版　　次 | 2020 年 6 月第 1 版　　印　　次 | 2021 年 9 月第 2 次印刷
书　　号 | ISBN 978-7-5699-3655-1
定　　价 | 59.80 元

前　言
ntroduction

用手机，拍大片

照片，是人们对时间的定格。生活中经历的美好瞬间、旅途中游览的美丽景色都将在一瞬间被照片记录下来。

几十年前，只有胶卷相机才有能力定格时间，而后出现了单反相机、数码相机、手机相机……在摄影领域，设备的更新迭代从来没有停止过。到了今天，手机相机俨然成了摄影设备领域的主力军。

手机相机虽然无法追上专业设备的脚步，却有着轻便、快捷、易上手的优点，这也是手机摄影能够迅速崛起的原因之一。另一方面，手机摄像头的像素越来越高，设备越来越先进，功能也越来越多样化。伴随着手机摄影功能的多样化发展，一系列衍生产品也逐一问世，比如常见的自拍杆、手机三脚架等。

在手机摄影不断发展的同时，一些企业机构或组织也瞄准时机，举办了一届又一届手机摄影比赛。尽管这些手机摄影比赛与传统的摄影比赛相比显得有些稚嫩，奖励也远不及传统摄影比赛丰厚，但还是点燃了手机摄影爱好者们的创作激情。

毫不夸张地说，在众多力量的推动下，手机摄影领域已经迎来了全民狂欢的新时代。

在这样的时代背景下，本书针对手机摄影展开，围绕着手机摄影功能、构图方法、光线运用、人像拍摄、山水拍摄、植物拍摄、夜景拍摄等多个手机摄影领域的核心要点进行介绍，并配以大量的照片进行解读，总结了许多翔实的手机摄影经验以及技巧。

本书力求能够帮助手机摄影爱好者们更加了解手机摄影，更加懂得如何进行手机摄影。相信本书会对手机摄影爱好者产生正向的影响，帮助手机摄影爱好者解决拍摄中可能遇到的难题。

在智能手机越来越普及的当下，几乎人人都能成为摄影师，我们到处都能够见到拿着手机拍照的人。虽然手机相机的专业性还无法与单反相机相比，但通过不断学习手机摄影的技巧，相信所有的手机摄影爱好者都能拍出优质的照片。

目 录
Contents

第1章
玩转手机摄影，你需要知道这些

图 1-1

在阴天的海边拍摄，无论是天空还是海水都是淡淡的灰色，再加上素白的建筑使画面整体过于平淡，热气球的色彩恰好打破了这片空白，使人眼前一亮。最重要的是，这幅作品并非出自专业相机，而是手机相机所拍摄的画面。

1.1 优秀手机摄影作品的五个要素

人们常说"好看的皮囊千篇一律，有趣的灵魂万里挑一"。其实照片也是一样，照片可以定格场景，同时也可以传达情绪、讲述故事。但我们经常会感慨自己拍出来的照片千篇一律、毫无美感，那是因为我们在拍摄时忽略了下面这几个问题：主题突出、事物清晰、亮度正常、色彩饱满、注重留白。一张好的照片可以只对应其中的一个特点也可以兼具多个特点，这样的照片才能抓住受众的眼球。

1.1.1 主题突出

随着智能手机的问世，数字世界也在不断发生改变，越来越多的新科技融入到了手机中。尤其是随着手机摄像功能的不断更新，越来越多的人开始爱上了摄影，并且养成了随手拍摄的习惯。

很多人用手机定格一瞬间的精彩，用手机记录生活中的美好。手机虽然不具备专业单反相机的强大功能，但也完全可以满足我们日常的拍摄需求。放眼未来，相信在不久之后的天，手机也能够像专业的相机一样，帮助我们截取生活中更多美好的瞬间。

图 1-2 使用手机拍摄建筑一角　　　　图 1-3 使用手机拍摄花苞

主题是一张照片的核心因素，只有保障主题突出，才能够保持画面的均衡性、稳定性，让人忍不住想去查看照片。因此在拍摄时一定要注意主题是否突出，有没有被其他元素所掩盖。

这也就是经常会提到的背景问题。在一张照片当中除主题之外的其他部分都是作为陪衬所存在的，所以为了让画面主题更加突出，要尽可能地保证背景的干净，不要出现过多的元素。比如不合时宜的垃圾桶、误入画面的路人等，都会对最终的图片主题产生影响。过多的元素堆叠会使画面变得拥挤起来，也无法准确传达摄影师的创作主题。

1.1.2　事物清晰

在"高精尖"摄像头横行的时代，没有人愿意看犹如 200 万像素一样模糊的图片。因此我们在拍摄时一定要注意保持事物的清晰度，必要时可以使用微距镜头、背景虚化等方式来强化事物的清晰度。

图 1-4　以灰色的墙壁作为背景，没有一丝杂乱的元素，使主题更加突出

1.1.3　亮度正常

亮度决定了画面的色彩是否正常，是否吸引人。人们讨厌阴天不仅是因为空气沉闷，更是由于天空灰暗的颜色所带来的压抑感。因此我们在拍摄照片时要注意画面的亮度，避免使画面变得太黑，影响画面整体质感。

图 1-5　在拍摄时采用了微距镜头，使冰激凌的纹理更加清晰，提高了画面整体的清晰度

图 1-6　掌握正确的对焦方式使画面亮度正常，照片给人比较舒适的感觉

1.1.4 色彩饱满

色彩同样是拍摄照片时的重要一环。想要让摄影作品起到抓人眼球的效果，通常需要依靠色彩来实现。在摄影作品的色彩选择上，尽管黑白配色也有其独特的韵味，但是彩色照片毕竟占据主流位置，因此我们在拍摄照片时要注意画面的色彩是否饱满。

1.1.5 注重留白

具有美感的照片才有资格成为优秀照片，这一点是毋庸置疑的。然而，想要勾勒图片的美感，就要从构图学起，利用构图方法，为照片增设不同的美感，让其散发不同的艺术魅力。而在进行构图时有一点十分重要，那就是注重留白。

人们常说"月满则亏，水满则溢"，这句话告诉我们事物盛到极点就会走向衰落，摄影也是一样。如果我们在拍摄照片时一味将所有事物放在一起，而不去考虑各项事物之间的联系与搭配，那么拍摄出来的照片势必是非常杂乱的。因此，在拍摄照片时一定要注意画面的留白。

图 1-7　大自然所提供的色彩是非常出众的，　图 1-8　在拍摄时以天空为背景，增加了
即便不进行后期处理，色彩依旧饱满　　　画面留白，使画面看起来不会杂乱

1.2 手机摄影背后的"思维"

在每一幅摄影作品的背后，都饱含了摄影者的想法、情绪及构思，并借由摄影作品传达给他人。我们也可以将摄影作品背后的情感理解为其深度及故事性。在进

行手机摄影时，我们不妨先对照片的构思场景、所要传达的情绪进行一个预设。然后拿起手机，按下快门，通过照片将脑海中的构思呈现出来。

为了能够更好展现摄影作品背后的"思维"，传达摄影者自身的情感，我们在对画面进行构思时可以重点考虑三个因素，分别是亮点、深度、"灵魂"。

1.2.1　有亮点更出众

摄影作品的亮点能够起到画龙点睛的作用，让其更加出众。每当我们外出游玩时，总忍不住使用手机拍摄几张照片，无论是四时风景，还是山川河流，目之所及的任何有趣事物都想要通过手机记录下来。但在使用手机摄影时经常会遇到一个问题，那就是拍出的照片千篇一律、毫无特色。

这是因为我们忽视了手机摄影的一个重要环节，那就是对画面亮点的把控，所以即便走过了许多城市、拍摄了许多的照片，但所有照片看起来又没有什么太大的不同。因此，在使用手机摄影时一定要把控画面亮点，只有这样才能够让照片更加出彩。

比如我们在海拔相对较低的山间拍摄时，其实大部分山体都是非常相似的，都是由植被覆盖和裸露的山体组成，这就需要我们把控亮点来提升画面的质感。我们可以以漂亮的植被作为前景，以湛蓝的天空作为背景，选择造型相对独特的山体作为亮点，这样一来就能迅速提升画面的空间感和整体质感，使拍摄作品更加出众。

图 1-9　以绿植为前景、天空为背景，突出山体的亮点

1.2.2　让照片更具深度

有深度的人才能够吸引更多人了解，而有深度的照片才能够吸引更多人驻足。一张有深度的摄影作品，不但可以传达出多种氛围，而且可以传递出拍摄者的多种情绪，还可以让观者产生对美好事物的遐想。只有具有这种魅力的摄影作品，才能够被称为有深度的作品。事实上，唯有带有深度和情绪的作品才能够吸引观者

图 1-10　男孩直视镜头，且目光坚定，
画面整体情感丰富，颇具深度

持续性观看，并使其留下深刻的视觉印象。

那么，我们在拍摄照片时，如何才能够使照片更具深度呢？在拍摄时，我们不妨将主体与周围环境充分结合在一起，让拍摄对象以更加自然的状态入镜。比如我们在拍摄人像时，可以让人物直视镜头，通过目光传达人物情感，提升画面整体深度。

1.2.3　为作品注入"灵魂"

照片可以说是被人们加工过的大自然的画作，因此为作品注入"灵魂"也是摄影者需要掌握的基本技能。所谓的为照片注入"灵魂"，其实就是让照片更具诗意，让它看起来更加生动。在为照片赋予诗意时，我们可以通过拍摄主体来表现，也可以通过滤镜、光线环境、色调等形式来展现。

图 1-11　通过添加滤镜为照片注入"灵魂"，使画面更具诗意

第2章
解锁隐藏功能，手机摄影也能出大片

图 2-1

　　蓝色的天空和绿色的树林形成了对比，几根缆绳贯穿于山林之间，蓝色和红色的缆车点缀其中，使画面"活"了起来，让人仿佛能感受到缆车的移动，即便是用手机随手一拍，也能拍出大片的质感。

2.1 掌握对焦，才能不辜负每一处风景

在使用手机摄影时不能一味追求效率，要知道那些著名摄影师的作品也都是几经挑选、斟酌才能一发成名的。

在拍摄时，有的人对焦失败一次往往就放弃了当前的拍摄对象，转而拍摄其他事物，或者干脆不拍了。这是非常不对的行为，如果发现对不上焦，就多尝试几次，不要因为一次失败就气馁。当然，如果拍摄时一次就能拍好也不要太骄傲，还是要认真掌握手机摄影的技巧。使用手机摄影时，相机会自动对焦，但是并不能保证对焦的准确性，我们可以直接采用手动对焦的方式对画面当中的主体进行对焦，拍摄时只需要在屏幕对应位置点击即可完成对焦。

图 2-2　对焦失败，无法突出主体　　　　图 2-3　对焦成功，完美突出主体

2.2 掌握曝光技巧，才能利用光线

曝光量是指一张照片曝光的程度，显示了一张照片所接收到的光线的量有多少。照片接收光线越多，曝光量就越高，照片看起来也就越白；照片接收光线少，曝光量就低，照片看起来也就越暗。

黑夜尽管有着黑色的底色，但也有璀璨的夜空，有斑斓的霓虹灯，这些美丽的景色都值得我们去记录。但当我们拿起手机想要抓住夜的美，却发现光线不足无法

拍出理想的照片，这时我们应该怎么办呢？

　　拍摄夜景时，光线不足的问题让人十分困扰。我们都知道光线对于拍摄照片的重要性，但在进行夜间拍摄时，大多数时候根本无法获得合适的光线环境，这就需要我们通过调整手机的曝光量来保证拍摄效果。

　　一般来说，手机自动曝光是很方便的，在拍摄时点击手机拍摄界面确定焦点，该界面会自动计算出一个曝光值，这就是手机相机的自动曝光。当我们将焦点对准较暗的物体进行对焦时，则较亮的物体会变得更亮；对准较亮的物体进行对焦时，较暗的物体会变得更暗。

图 2-4　曝光正常，画面清晰　　　　　图 2-5　曝光过度，画面失衡

2.3　画面比例与辅助线

　　在进行手机摄影时，选择合适的画面比例能够更好地呈现拍摄对象的特征，也

能保障画面的稳定性和观赏性。为了更好地调整画面，我们可以通过辅助线来凸显画面主体。

2.3.1　如何选择合适的画面比例

画面比例也就是拍摄画面的大小，常见的有标准、全屏、16:9、正方形四种。有别于后期对画面比例进行调整，这是提前设定的，且设定好以后拍摄照片时就会以此为标准形成画面。

设置画面比例的方式为，打开手机相机，在拍摄界面点击右上角的齿轮状图标（如图2-6）。

打开相机的设置后，可以看到第一排就是画面比例设置（如图2-7），此时我们可以根据自己的需求将画面比例调整为标准（如图2-8）、全屏（如图2-10）、16:9（如图2-12）、正方形（如图2-14）四个中的一种。

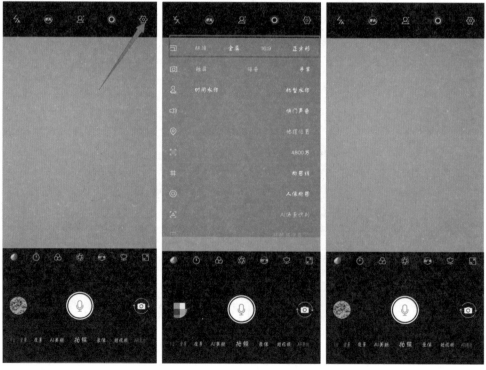

图2-6　相机设置　　　　图2-7　画面比例设置　　　　图2-8　标准

图 2-9　在标准模式下进行竖拍的成片效果

图 2-10　全屏

图 2-11　在全屏模式下进行横拍的成片效果

图 2-13　在 16：9 模式下进行横拍的成片效果

图 2-12　16：9

图 2-14　正方形

图 2-15　在正方形模式下拍摄的成片效果

2.3.2　辅助线能更好的凸显照片主体

构图线即构图辅助线，人像构图即相机在拍摄人像时自动计算的构图方法，这两种功能可以帮助我们快速拍摄构图质量高的照片。

设置构图线与人像构图的方式为，打开手机相机，在设置界面找到"构图线"与"人像构图"选项，根据需求选择相应的选项即可（如图 2-16）。

通常情况下，手机相机自带的构图线只有九宫格的样式，也就是横竖两条线组成的"井"字形构图（如图 2-17）。

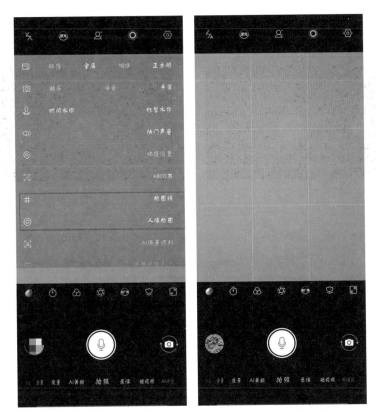

图 2-16　构图线与人像构图　　　　图 2-17　构图线

在开启人像构图后，只需要将手机移动至拍摄对象前，手机就会自行计算构图方式，并根据拍摄对象的站位提示拍摄者如何移动手机。拍摄者根据屏幕提示将手机移动至相应位置后，相机会自动进行拍摄。

图 2-18　按箭头方向移动手机

图 2-19　构图成功，自动拍照

2.4　全景模式与超广角

当遇到非常美丽的风景，但是由于景色画面较广，手机镜头无法记录时怎么办？当然是使用手机的全景模式进行拍摄了。

2.4.1　认识全景拍摄模式

全景拍摄模式就是通过某个基准点为中心，进行水平 360° 或垂直 180° 的拍摄，将画面中所有的内容拼接成一张图片，该图片的长宽比通常为 2:1。当我们遇到了比较宽或者长的拍摄素材时，可以使用全景模式进行拍摄。

图 2-20　全景模式

全景拍摄的应用：使用全景模式需要在手机相机中将模式切换到"全景"（如图2-20），然后按下快门并根据画面的提示缓慢而平稳地移动手机，将想要拍摄下来的画面都保留下来即可。使用全景模式进行拍摄，可以拍到常规模式下无法拍摄出的"长篇巨制"（如图2-21）。

图 2-21　全景模式下拍摄的成片效果

2.4.2　什么是超广角

超广角作为近年来手机摄像领域新推出的功能，能够帮助我们进行日常拍摄，接下来的内容我们将讲述超广角的定义及应用。

超广角镜头也就是拍摄范围特别大的镜头。通俗来说，就是常规镜头可以拍摄10个人站成一排，而在同样的位置拍摄时，开启了超广角后我们就可以拍摄15个人站成一排。

超广角的镜头效果介于常规镜头和全镜头之间，具有加强画面空间纵深感、景深足够长、涵盖范围广等特点。对于那些使用全景模式困难的人群来说，超广角无疑是很好的替代品。而且如果我们的拍摄对象并不是过于宽阔或过于长，使用超广角拍摄相对更加方便。

开启超广角的方式为，打开手机相机，在画面的下方找到"超广角"的图标并点击，就可以打开超广角模式了（如图2-22）。

　　与全景拍摄不同，超广角拍摄与常规拍摄时的操作是一样的，只需要在开启超广角模式后按下快门即可。在开启超广角之前，能够进入镜头的景色较少（如图2-23），但是开启了超广角后，画面的视野开阔了许多，进入镜头的景色也就更多（如图2-24）。

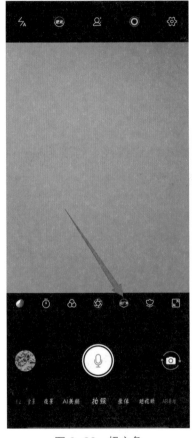

图 2-22　超广角

图 2-23　未启用超广角模式拍摄的成片效果

图 2-24　启用超广角模式后拍摄的成片效果

2.5　微距

　　有些画面需要近距离拍摄才能拍出质感，这就是我们本节要说的微距效果。

2.5.1　什么是微距

微距摄影在摄影领域占据着重要地位，甚至可以说，凡是接触过摄影活动的人，或多或少都曾经使用过微距镜头。微距摄影其实算不上神秘，但是总有一部分摄影爱好者认为微距摄影有着不可捉摸的魅力。事实上，微距摄影并不算是另类的摄影方式，其实就是普通摄影的延伸，其工作原理与普通摄影一般无二，都要依靠光学规律来进行拍摄。

2.5.2　微距的应用

进行微距拍摄的方式有三种。

第一种是相对简单的手机自动对焦。只需要开启触屏拍照，然后点击画面中的拍摄主体就可以了，但是这种方式有时候会出现无法对焦等问题。

第二种是打开相机的"超微距"功能。打开方式为：打开相机，在画面的下方找到微距的标志（如图 2-25），点击该标志，画面上部出现"超微距"三个字，就是进入到超微距模式了。

第三种是进入手机的专业模式进行设置。关于这一点我们将在下节"专业模式的应用"中详细讲解，此处不再赘述。

使用微距镜头拍摄，可以将拍摄对象的细节完全展现在观者眼前，有许多细节都是平时注意不到的，甚至是肉眼无法察觉的。

图 2-25　超微距

图 2-26　超微距镜头下拍摄的成片效果

2.6　手机相机里的专业模式

为了让手机摄影更加专业化，许多手机的相机配备了"专业模式"。专业模式与常规模式到底有怎样的区别？我们又该如何使用专业模式呢？接下来我们一一解答。

2.6.1　什么是专业模式

专业模式即为了追求更加优质的手机摄影体验而研发的功能，主要由五个参数和一个功能组成，五个参数分别为曝光、感光度、快门速度、白平衡和对焦，一个功能则是指水平仪。

其中，调整曝光可以决定进入镜头的光线量，调整感光度可以改变手机相机对于光线的敏感程度，调整快门速度可以决定物体曝光的时间，调整白平衡可以改变画面的色彩，调整对焦可以决定画面清晰与否。而水平仪的作用就是防止我们将画面拍摄成"比萨斜塔"，可帮助我们找到水平位置，保障照片的"正直"。

2.6.2　专业模式的应用

在专业模式设置参数，首先需要打开专业模式：打开手机的相机，然后将模式调到"专业"上（如图2-27）。可以在画面中看到曝光（EV）、感光度（ISO）、快门速度（S）、白平衡（WB）、对焦（AF）和水平仪六个选项。在六个选项下方就是当前设置的参数，我们可以点开选项进行更改。

调整曝光需要点开专业模式界面的"EV"（如图2-28），然后根据需求选择曝光参数即可。通常情况下，调整曝光量需要遵循的原则是"明降暗升"，即如果拍摄环境的光线过于强烈，则需要降低曝光量；如果拍摄环境的光线比较暗，则可以适当增加曝光量。

调整感光度需要点开专业模式界面的"ISO"（如图2-29），可以看到Auto、50、100、200等选项，根据需求选择参数即可。在调整感光度时，需要考虑当前的光线环境。在光线充足的情况下，可以将感光度调整到400以内，能够起到控制噪点的作用，使成片更加细腻。当光线较差并且没有借助三脚架等设备拍摄时，需要将感

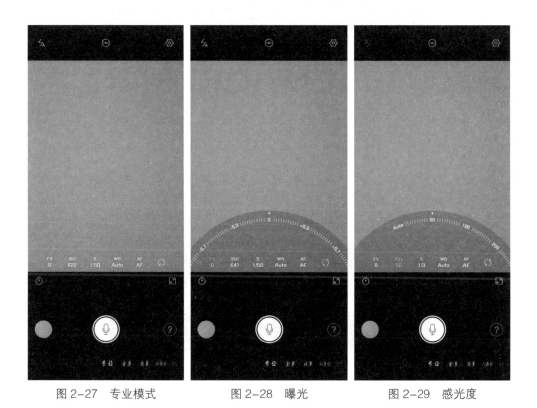

图 2-27　专业模式　　　　　图 2-28　曝光　　　　　图 2-29　感光度

光度调至 400 以上，同时调慢快门速度，以此获得较为优质的曝光。

　　调整快门速度需要点开专业模式界面的"S"（如图 2-30），快门速度的选项比较多，根据需求选择即可。在将快门速度调整为较慢速度的情况下，最好配备专业的三脚架等手机摄影辅助设备，否则拍出的照片很可能会出现模糊等现象。这是因为当我们将快门速度设置为较长的时间后，在我们按下拍摄到快门响应的时间内，拍摄对象的任何位置变化都会被记录到照片中，而我们使用手托举手机时会产生抖动，使画面中的主体位置发生变化，从而导致成片中的拍摄对象模糊。

　　调整白平衡需要点开专业模式界面的"WB"（如图 2-31），有日光灯、日光、多云等多种选项，根据需求选择相应选项即可。从字面意思来看，白平衡就是对画面中白色的平衡。我们都知道，在不同的环境下拍摄同一个拍摄对象也可能会出现色差，而白平衡的设置就是为了减少这种色差的出现，通过对白平衡的选择，可以还原画面最真实的色彩。

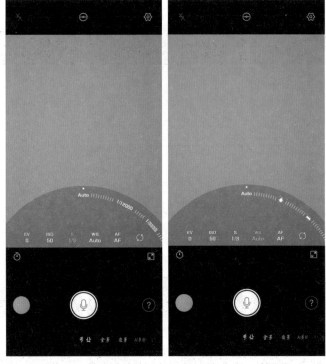

图 2-30　快门速度　　　　　图 2-31　白平衡

调整焦距需要点开专业模式界面的"AF"（如图 2-32），从微距到无限远都可以选择。我们还可以根据画面上的刻度一点点调整焦距，直到找到合适的焦距。从专业的角度来讲，相机镜头是透镜组成的，当与主光轴平行的光线穿过镜头时，会将光线聚集到一个点上，这个点被我们称为"焦点"，而焦点与镜头中心的距离也就是我们所说的"焦距"。通过对焦距的设置，可以起到平衡画面、突出画面主体的作用。

水平仪的选项位于画面上方的中间位置（如图 2-33），只要点击它，拍摄画面中就会出现水平仪。

画面中出现水平仪后，可以看到两条线，一条是实线，另一条是虚线（如图 2-34）。其中实线会跟随手机一起摇摆，而虚线一直处于不动的状态。这是因为实线表示的是当前画面的水平位置，而虚线表示的是画面正确的水平位置，当两条线合并到一起，就证明我们找到了画面的水平位置。

归根结底，专业模式就是把"自动挡"的相机变成了"手动挡"的相机，但是使用专业模式确实能拍出更加高质量的照片。比如拍摄月亮时，使用非专业模式拍出来的月亮只有光晕，看不到细节（如图 2-35）。

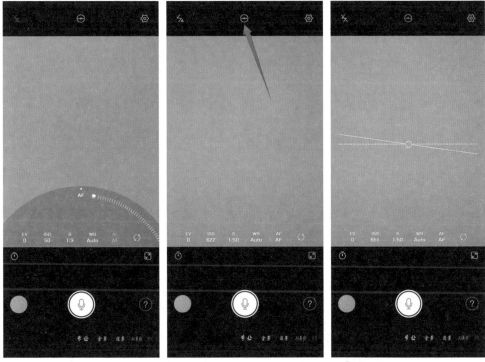

| 图 2-32　焦距 | 图 2-33　水平仪 | 图 2-34　调整水平仪 |

　　而使用专业模式，将感光度调整为 200，将快门速度调整为 1/1000，拍摄出的月亮能够清楚地看到细节（如图 2-36），虽然这种摄影效果无法与其他的专业设备相比，但也可以说是比较出众。需要注意的是，由于手机型号的不同，其设置和功能性也有所不同，部分手机拍摄的效果可能更好也可能比较差，不可以一概而论。

图 2-35　非专业模式下拍摄月亮，能看到周围植物与建筑的轮廓，但月亮只是一团光斑　　图 2-36　专业模式下拍摄月亮，背景是纯粹的黑色，看不到其他事物的轮廓，但可以看到月亮上的阴影

第3章
构图巧思，才能把控画面

图3-1

　　远离人烟的原野，土地上残留着片片白雪，远处的丛林早已褪去了绿色，夕阳将天空染成了橘红色，洁白的鸟儿挥动着它的翅膀，仿佛在欢送夕阳的落下，又仿佛在迎接朝阳的升起，这样的构图效果给人充满希望的感觉。

3.1　照片美感的核心——构图

在这个几乎人手一部手机的时代，每个人都有机会成为摄影师。但是如果仔细观察就会发现，哪怕使用同一款手机在同一时间拍摄同一个场景，拍出来的照片效果也是不一样的，这就是我们本节要讲的重点——构图。

不管是对于手机摄影的初学者还是专业人员来说，在用手机拍摄照片时，构图是每个摄影者必然会在意的问题。很多的初学者之所以会走入死胡同，主要是因为对构图的认识有所偏差，下面我们来讲解构图对于手机摄影的意义以及构图的两个原则。

3.1.1　构图对于手机摄影的意义

什么是构图？很多人会把构图理解成"构成图案"或者"构成画面"。其实，构图这个词的真实涵义和作曲、作文章是相同的，就是把各个零散的部分组合起来，形成一个具有特殊含义的艺术作品。

很多人接触摄影都是通过手机开始的，因为手机摄影比较简单、方便，且花费不高。尽管许多人使用手机摄影都是抱着玩一玩的态度，但是掌握一定的构图技巧不仅可以让我们快速定格画面，还可以提升照片的质感，拍出更加迷人的照片。

如果说拍摄的设备和工具是摄影者的硬实力，那么构图就是形式上和技巧性的软实力，它可以快速且恰当地表达出摄影者所想要表达的东西。换句话说，构图就是为摄影者表达主题和深化主题服务的。

事实上，很多优秀摄影作品的诞生，都是由于摄影者被一些场景所感染而使用镜头将其留存下来。由于每个摄影者在摄像方面的能力不同，使得同一组照片也会呈现出各色差异。摄影初学者经常在构图方面出现较多问题，只有提高构图能力，才能使拍出来的照片质量有所提升，进而也能增强成片背后的艺术效果。

3.1.2　构图原则一：突出主体

在考虑构图时，每个人首先要想清楚照片的主题是什么，或者说照片想要传达

图 3-2　夕阳西下，高楼林立，给人一种"去留无意，望天上云卷云舒"的感觉

图 3-3　蓝天、白云、青山、红叶……多种自然元素的融合，
再加上玻璃栈道，组成了全新的画面

的信息是什么。而后我们需要考虑用哪些元素作为画面主体，以及用什么样的眼光去欣赏它。构图作为摄影领域非常重要的一门艺术，是用吸引人的形式来展现想象力的艺术（如图 3-2、图 3-3）。

因此在拍摄时，构图的第一原则就是突出主体（如图 3-4）。

图 3-4　突出主体

3.1.3 构图原则二：弱化陪衬

对于摄影来说，构图时是不能随意改变拍摄对象的外形和色彩的，能做的也只有重新排列、组合拍摄对象的位置和构成关系。因此，在突出主体的前提下，我们还要弱化陪衬（如图3-5），这也是构图的第二个原则。

图3-5 弱化陪衬

3.2 画面方向与构图的关系

经常使用手机摄影或者经常翻阅他人摄影作品的人一定不难发现，有些照片是横向的，而有些是竖向的。其实，照片的横向构图与竖向构图并不是由拍摄设备所决定的，也不是由拍摄者的心情所决定的，而是由拍摄对象与画面主题决定的。

3.2.1　这些时候应该横构图

横构图也就是横向构图，是自然还原拍摄对象，也是较为常见的构图形式。横画幅构图能够表现出高低起伏的节奏感，在拍摄风景时，尤其是山水图时通常会选用这种构图形式。拍摄运动中的物体时使用横构图，能够彰显物体的运动感。在拍摄地平线、海面、天空等较为宽广且画面线条为横向的事物时，使用横构图才能展现辽阔的效果。

除此之外，横构图能够起到协调人物和背景的作用。在拍摄人像时，可以利用留白等方式，让画面具有更强的空间感，也能够使画面更加稳定（如图 3-6）。拍摄特写时也可以用到横构图，能够将人物的面部特征和神态等表现出来。

图 3-6　横构图拍摄日出的海滩，完美协调了人物和背景的关系，凸显了大海的波澜壮阔

3.2.2 这些时候应该竖构图

与横构图一样，竖构图也是比较常见的构图形式，能够突出表现拍摄对象的垂直线特征，使拍摄对象看起来更加高大和庄严。在拍摄建筑、单独的树木等对象时，使用竖构图拍摄可以更加凸显拍摄对象本身的特点。总之，当画面线条为竖向时，使用竖构图拍摄才能使拍摄效果更好（如图 3-7、图 3-8）。

图 3-7 竖构图拍摄建筑，提升了建筑的立体感，给人一种直插云霄的感觉，使建筑看起来更加大气

图 3-8 使用竖构图拍摄桃花，更好地展现了枝条的美感，使画面更加立体

3.3 实用构图法则

有画面，就会有构图。手机摄影最终留下的同样是一个画面，而有画面，就一定会涉及构图。我们经常会看到，同一片风景，同一个景物，在经过精心构图以

后，就能呈现出独特的视觉魅力。但构图和摄影都不是公式，一贯套用容易使人陷入僵局，要想获得出色的构图效果，更重要的是学会经营画面，用自己的技巧去拍摄。

3.3.1　三分法构图

三分法构图又被称为"九宫格构图"，是摄影领域经常用到的且相对简单的构图方法，多用于拍摄风景、人像等。三等分构图法强调的是把照片横竖分为三部分，类似于汉字"井"，也被称为"井字构图法"。这种构图方式，可以更好地突出画面主体，使照片更加紧凑有力。摄照片时将画面主体放在"井"字的交点处就可以拍出一张不错的主题鲜明的照片（如图 3-9）。

图 3-9　将建筑放在了"井"字的交界处，且天空占据 2/3，海滩占据 1/3，使画面更加和谐

大多数手机的相机都具有三分法构图线辅助功能，将该功能打开后进行拍摄即可。

3.3.2　对称式构图

对称式构图即用物体的中心感和对称感抓住观看者的视线，可以细分为上下对称、左右对称等不同类型，能够起到平衡画面中各种元素的作用。这种构图方式多用于拍摄街道、建筑、水面倒影等，能够增强建筑的设计平衡感与稳定性，在拍摄倒影时营造唯美的整体氛围（如图 3-10）。

图 3-10　通过上下对称式构图拍摄山林、建筑及其水面倒影，使画面更具平衡感，营造唯美的整体氛围

3.3.3 框架式构图

框景式构图是通过寻找所谓的"镜框"来突出拍摄者要表达的主题。也就是说选择一个"框架"挡在拍摄主体之前，并通过框架对观者产生引导作用，使其更加关注拍摄主体，起到突出主体的作用。

使用框架式构图拍摄照片时，通常会使用门窗、网状物等元素作为框架进行拍摄。框架式构图能够提升画面的纵深感，让画面看起来更加立体，形成较强的视觉冲击力，实现主体与背景之间相呼应的效果（如图3-11）。

图3-11　通过走廊的柱子及走向提升画面的纵深感，形成强烈的视觉冲击性

3.3.4 中心构图

中心构图也就是把拍摄对象放置于镜头正中央的位置，由此来达到突出主题、增强视觉效果的目的，比较适合拍摄建筑物以及其他中心对称的对象（如图3-12）。中心构图是相对简单的构图方式，而且也是较为稳定的一种拍摄手法，比较适合摄影初学者使用。

中心构图可以说是学习构图方法的入门知识，因此对于手机摄影初学者而言是相对简单的操作方法，但是有些拍摄对象并不适合使用中心构图去拍摄，拍摄出的

图 3-12 将荷花放在画面的中心位置，既凸显了画面的主体，
又构建了和谐的画面环境

效果可能不如预期那样好。因此，我们可以在此基础上学习更多构图方法，并将其他的构图方法融入其中。

3.3.5 引导线构图

引导线构图就是通过引导线来寻找线条，并让这些线条的方向能够指向拍摄对象的重点，指引观者一下子就注意到拍摄主体。

引导线构图适用于大量题材的拍摄，其中的引导线主要起到引导观者视线的作用，因此其并不需要是具体的线条。在实际拍摄过程中，道路、河流、一排植物、目光等元素都可以成为画面中的"引导线"。引导线构图的核心是空间感和视觉冲击力，因此对于拍摄对象的要求并不高，只要具备比较明显的线性关系就可以了（如图 3-13）。

图 3-13 通过马路上的白线将关注点引导至远处的
山体，使人可以快速关注拍摄主体

3.3.6 三角形构图

　　三角形构图是指画面中的线条可以构成许多的三角形，在拍摄建筑、山峰、植物、人物时都可以使用三角形构图。众所周知，三角形是非常稳定的结构，因此三角形构图可以增添画面稳定性，让画面效果更佳（如图3-14）。

图3-14　右侧桥面上的"线条"形成了稳定的三角形结构，从而提升了画面整体的稳定性

3.3.7 简洁构图

　　简洁构图也就是充分利用留白，将杂物排除在镜头之外，创造一个负空间，使观者的注意力集中在拍摄对象上。简洁构图不受拍摄对象的限制，适用于大量元素的拍摄工作。

　　好的摄影者要懂得化繁为简，将与拍摄主体之间联系较少的物体排除在镜头以外，将更加简洁的画面呈现出来，让观者可以一下子看到拍摄主体，增强画面的视觉冲击力。同时，简洁的画面也会让人感觉很舒服，画面中颇具唯美感（如图3-15）。

图 3-15 画面中的元素只有天空、屋顶、鸟儿，
没有复杂的背景和元素，却给人一种唯美的感受

3.3.8 均衡式构图

均衡式构图，其实就是尽可能地使画面保持平衡，常用于拍摄月夜、水面、夜景等题材。

如果说中心构图的关注点是在主体上，那么均衡式构图就是要让关注点分散，画面变得更加平衡。主体与背景交相呼应，两者之间相辅相成，画面更具纵横感和立体感，从而让画面整体更具平衡感。使用均衡式构图法，能够使成片给人以享受的感觉，无论是画面结构还是各个部分的衔接都显得格外完美（如图 3-16）。

图 3-16 将一整排建筑作为主体，介于天空和湖水之间，
拍摄主体既不突兀，也不孤单，完美体现了平衡性

3.3.9　趣味点构图

趣味点构图就是在画面中找到一个能够起到点睛之笔作用的元素。换句话说，就是能够使人眼前一亮的点，比如平静湖面上的一叶扁舟。

见惯了大场景、大视觉效果的照片，可能会让人产生视觉疲劳，此时在大场景中出现的一个小小的趣味点能够让人眼前一亮，从无趣的感觉中跳脱出来。这个趣味点往往只占据画面中很小的一部分，却是整个画面的重中之重，犹如向平静的湖面扔了一枚石子，让湖面瞬间出现层层涟漪。趣味点就是引起照片涟漪的石子，甚至可以起到"化腐朽为神奇"的作用（如图 3-17）。

图 3-17　单纯拍摄操场已经无法突出趣味性，在围网上放一片树叶，
不仅起到了点睛的作用，也让人一眼就看出拍摄的季节

3.3.10　黄金螺旋构图

　　黄金螺旋构图就是将画面根据比例划分，然后对其进行细分，之后画面中会出现一个螺旋形的曲线，能在画面中画出这条线的就是黄金螺旋构图。黄金螺旋构图比较有名的作品就是由达·芬奇所画的《蒙娜丽莎》这幅名画。在实际拍摄中，我们可以使用黄金螺旋构图拍摄风景、建筑、人像等素材（如图 3-18）。

图 3-18　以中心的建筑为核心向外延伸，使建筑、山体、植物均匀分布在了螺旋形的曲线上

3.3.11　散点式构图

　　散点式构图的另一个名字是棋盘式构图，顾名思义，就是在同一个画面中出现多个拍摄主体，且这些拍摄主体没有孰轻孰重之分。

散点式构图通常会在拍摄具有点规律的画面时使用，例如拍摄密密麻麻的花丛，在画面中具有多个视觉点，同时具有规律的排列。这些视觉点无论是大小还是形状都相差无几，色彩上也相对统一，但其排列方式有章可循，可营造安静或庄严的氛围（如图3–19）。

图3–19　密密麻麻的花丛中，花朵的大小和形状相差无几，
色彩也相对统一，给人一种安静的感受

3.3.12　水平线构图

水平线构图就是水平方向的构图方式，能够让人感觉到安宁与平静，通常为横画幅。因为使用水平线构图可以让拍摄对象的线条具有延伸感，能够将场面较大的风光表现得淋漓尽致（如图3–20），在拍摄其他水平线条的素材时也可以使用。

根据水平线的位置，水平线构图又可以分为三种构图方式，分别是高水平线构图、中水平线构图、低水平线构图。高水平线构图即水平线位于画面2/3处，上部1/3为天空，下部2/3为地面；中水平线构图即水平线位于画面1/2处，上部1/2为天空，下部1/2为地面；低水平线构图即水平线位于画面1/3处，上部2/3为天空，下部1/3为地面。

图 3-20　采用中水平线构图，一方面体现了天空和原野的广阔，
另一方面晚霞与远处的山体将画面一分为二，形成了明与暗的对比

3.3.13　垂直线构图

垂直线构图就是垂直方向的构图方式，非常适合用来拍摄建筑和树木。垂直线构图的原理是，利用拍摄对象形成垂直的线条，从而使画面的上下方产生衍生感，且垂直本就具有拉伸效果，让人感觉拍摄对象更加挺拔（如图 3-21）。

3.3.14　斜线构图

斜线构图也可以称为对角线构图，拍摄的画面富有张力且动感十足，使画面给人一种活泼和欢乐的感觉。由于斜线构图的不安定感，能够很好呈现拍摄对象的生长感，其次它还有拓展和提升画面空间感的作用，在拍摄植物等素材时适合使用（如图 3-22）。

图 3-21　垂直拍摄植物，使其看起来
更加高大、挺拔

图 3-22　将花朵排布在画面的对角线上，给人一种蓬勃向上的感觉

3.4　对比强化构图效果

不同方向、质感的光线环境会对画面的透视感、层次感产生很大影响，使画面形成各种各样的对比。对比能够很好体现拍摄主体的轮廓以及其与背景的关系等，通过各种方式的画面对比，可以提升构图效果，让画面更加清晰。熟练运用对比效果，可以拍摄出更加精致的照片，引发观者的无限遐想。

3.4.1　色彩对比突出主体

色彩对比是常见的对比手法之一。当拍摄主体与背景颜色相近或相似时，拍摄主体不突出，与背景之间的关系也不清晰，会给人一种模糊不安的错觉（如图 3-23）。

图 3-23 云朵与其他拍摄对象的颜色都比较暗，无法突出显示重点

但通过色彩鲜明的对比效果，可以凸显拍摄主体，深入刻画拍摄主体与背景的关系，从而强化拍摄效果（如图 3-24）。可以通过添加滤镜的方式得到这种强烈的色彩对比效果，在周围建筑的衬托下，晾晒衣物的颜色显得格外明艳，照片的氛围感得到了增强。

图 3-24 灰白的背景与色彩鲜艳的衣服之间对比强烈，让人一眼就能看到主体

3.4.2　大小对比更抓眼球

大小对比可以采用相对均衡的构图方式，同时可以凸显这种构图效果。大与小的对比能够带来强烈的视觉冲击，通过大物体的衬托，小物体会显得更加娇小，通过小物体的对比，大物体也会显得更加伟岸（如图 3-25）。

图 3-25　花苞与盛开的花朵形成了对比，在花苞的衬托下，
盛开的花朵也变成了一个"庞然大物"

3.4.3　虚实对比营造朦胧感

图 3-26　手动定焦在石板上，人物和其他元素作为
背景呈现，形成了梦幻的效果

现在的智能手机逐渐从双摄像头变成三摄像头甚至四摄像头，在拍照功能上也日益强大。通过手动定焦，可以使画面呈现虚实对比的效果。在拍摄时，手动定焦在想要突出的拍摄对象上，没有得到定焦的位置作为背景存在，变得比较模糊。这样一种虚实对比的拍摄手法能够营造出一种朦胧、梦幻的感觉。在进行人像拍摄时我们也可以利用这样的手法来模糊背景，让人物变得更加立体。

3.4.4 明暗对比打造空间感

明暗对比从视觉上打造了强烈的空间感。在天色比较阴沉的时候，站在屋内透过窗户拍摄屋外的景色，除了窗台附近的物体可以看清之外，屋内其他的地方都是黑的，营造强烈的空间感（如图 3-27）。照片似乎透露着一丝凄凉感，在观看这类照片时，观者的情绪也会随之变得沉重，整体营造出了一种沉重的气氛。

图 3-27 站在距离窗台一到两米的位置拍摄窗外的风景，
窗外及窗台附近的"明"与屋内的"暗"形成了鲜明的对比

3.4.5 动静对比展现视觉冲击

为静态图片增加动态元素，可以让我们的图片"活"起来。在拍摄照片时我们通过捕捉动态元素来使这种动静对比的效果更加强烈。这种动态元素可以是马路上正在行驶的车辆，也可以是来往的人流。总之，只要是移动中的物体，都能够让我们的作品活跃起来（如图 3-28）。

3.4.6 远近对比强化对象关系

我们都知道远小近大，在拍摄照片时，我们可以利用这种方式使画面中的两个或多个主体形成对比。在具体的拍摄中，可以通过这种对比效果强化对象之间的关系，让观者可以更加直观地感受到画面中不同元素存在的意义（如图 3-29）。

图 3-28　正在工作的洒水车，流动的水与一动不动的树形成了
鲜明的对比效果，画面看起来更加生动

图 3-29　近处堆满了落叶的车与远处的亭子、牛形成了对比，
强化了构图中心点，突出了三者之间的关系

第4章

光影也是门大学问

图 4-1

　　白雪皑皑的山顶上，一缕阳光照射过来，使山顶从白色变成了耀眼的金色，与周围阴暗的山体形成了强烈的对比效果，充分体现了光影对于画面的重要性。

4.1 用光影赋予生活照艺术感

光影是摄影中一个很重要的元素，通过光影的勾勒，能够把生活中很常见的场景变成富有艺术气息的照片。

4.1.1 让静物产生艺术美的光影

巧妙利用光影能够让静物摄影呈现出绝美画面，通过拍摄对象、拍摄角度等内容的选择，加上光线的组合与明暗对比，使摄影作品如绘画一样充满艺术魅力（如图4-2）。

图 4-2　光影拍摄效果图

在利用光影拍摄时，我们可以利用局部光、侧逆光和逆光三种光线环境。

1. 局部光。

利用局部光线映照在拍摄对象上，达到突出画面主体的效果，同时形成鲜明的明暗对比，使画面呈现艺术感。在局部光线环境下拍摄物体时，我们需要调整好拍摄角度，将镜头对焦在画面中比较亮的位置，手动对焦时尽量拉低画面亮度，防止曝光过度的现象。拍摄完毕后，我们还可以进行后期调整，加强明暗对比，提升艺术感（如图 4-3）。

2. 侧逆光。

侧逆光能够突出拍摄对象的轮廓，并形成比较模糊的影子，为画面增添故事性，拍摄主体的亮光部分也会呈现特殊的光影效果。侧逆光拍摄静物时，我们可以在亮光处进行对焦，也可以在画面暗部进行对焦，从而呈现不同的效果。当对焦在画面亮光处，画面的色彩会更鲜亮，明暗对比的效果也就更强烈，物体轮廓更加分明；当对焦在画面阴暗处，画面中的色彩弱化很多，使整体画面显得更加柔和，可以拍出光晕感（如图 4-4）。

图 4-3　在局部光环境下进行拍摄的成片效果　图 4-4　在侧逆光环境下进行拍摄的成片效果

3.逆光。

逆光拍摄可以清晰地将物体的轮廓勾勒出来。在逆光拍摄静物时，由于画面背景光线比较亮，我们可以将感光度设置为100，之后对拍摄对象进行锁定对焦，以此来保障主体轮廓清晰地呈现在画面中。在进行逆光拍摄时，光线可以和物体处于同一个水平面上，能够有效突出物体轮廓。我们也可以选择在日出以及日落时分拍摄，这时太阳光线比较柔和，并且没有多余光线。同时，我们还要注意被摄对象与光源之间是否有其它物体遮挡，要保障光源与拍摄对象之间的直接联系，避免影响拍摄效果（如图4-5）。

图4-5 在逆光环境下进行拍摄的成片效果

4.1.2 光影也能做画框

在日常生活中，许多人会为好看的摄影作品或者绘画作品做一个画框，使作品具有完整性，增添画面内容的表现力，同时也便于保存和摆放。在使用手机摄影时，我们可以利用光影为拍摄对象添加一个画框，在突出拍摄对象的同时，增添画面的艺术效果。

日常中常见的光线画框有两种，一种是光线透过窗户形成的"画框"，另一种是建筑物对光线造成的"画框"。在实际操作时，我们可以利用物体对光线进行遮挡，使光线呈现出画框的轮廓，然后将拍摄对象放在光线环境内，使成片呈现画框的效果。在选择光线的时候，尽量选择柔和的光线，能够提升拍摄效果。需要注意的是，利用光影做画框时，无论选择哪种角度进行拍摄，都要保障拍摄主体存在于光线区域内（如图 4-6）。

图 4-6　利用植物附近的光影呈现出画框效果

4.1.3　柔和的光线让场景充满静谧感

柔和的光线环境可以赋予空间静谧感，常见的效果就是雨后的树林，阳光在水雾的折射下显得柔和，映照着树林中的植物，有种独特的静谧感。选择柔和的光线进行手机拍摄时，需要选择拍摄时间和场景，再加上一定的手机拍摄技巧，才会让画面呈现出静谧感。

在选择拍摄时间上，通常选择晴朗天气的清晨或傍晚会比较合适。在这两个时间段太阳的光线比较柔和，没有那么强烈，同时阴影部分也没有那么暗，能够尽可能呈现出拍摄对象的各种角度。另外，在这两个时间段的光线明暗对比相对和谐，能够使画面产生柔和的质感（如图4-7）。

阴天或多云天进行拍摄也是非常不错的选择。阴天和多云天光线柔和且自然光分布均匀，不会形成明显的阴影，画面会表现出宁静感与和谐感。需要注意的是，在实际拍摄中，我们也要避免画面过于均匀的问题，因为这种画面布局方式很容易失去主次。

如果是在比较暗的室内拍摄，可以选择使用相对柔和的灯光进行补光。通常这种柔和灯光使用的场景比较少，需要对灯光环境进行认真细致的考量，照片后期也有可能还需要一定的优化处理。

图4-7　在柔和的光线下进行拍摄，画面呈现十足的静谧感

4.1.4　展现画面的色彩

光影能够起到提亮和暗化画面色彩的作用：光线直接照射拍摄对象时，即使拍

摄对象本身的色彩不够鲜艳，也可以提亮拍摄对象的色彩；相反，光线产生的阴影部分则会暗化拍摄对象的色彩，甚至完全呈现不出拍摄对象的色彩。所以，我们要巧妙利用光影对画面色彩的影响，根据画面整体想要表达的主旨内容选择相应的色彩搭配方法，提升整体画面的美感（如图 4-8）。

在选择色彩搭配方案时，我们可以遵循以下几种原则：冷暖色调的搭配体现层次感、颜色的强烈对比突出画面主体、多种色彩搭配表现画面的丰富性。

图 4-8　利用傍晚的光影效果展现其色彩

4.2　不同光线对于摄影的影响

无论使用手机进行摄影还是使用相机进行摄影，都需要选择合适的光线。对于很多摄影爱好者而言，摄影就是和光线打交道的过程，在拍摄过程中控制好环境中的光线因素，就相当于掌握了摄影领域的高端技术，可以让摄影作品实现质的飞跃。既然光线对于摄影的意义如此重要，那么接下来我们就来了解一下不同光线的定义以及它们的应用。

4.2.1 顺光的应用

顺光又被人称为"正面光"，也就是投射方向与拍摄方向保持一致的光线。顺光拍摄可以使拍摄对象接受均匀的光线照射，能够尽可能呈现出拍摄对象的色彩与细节变化（如图4-9）。

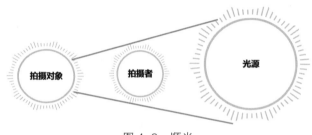

图 4-9　顺光

在顺光环境中使用手机摄影能够在成片中清晰还原拍摄对象整体，保持较高的色彩还原度，并且成片效果比较干净明亮，因此在拍摄对象位于受光面时通常采用顺光进行补光（如图4-10）。

利用顺光摄影可以说是比较自然的拍摄方式，能够最大程度还原拍摄对象的细节。而且由于光线的原因，拍摄人像时会自动隐藏拍摄对象脸上的皱纹、雀斑等，使人物得到一定的美化效果。但是顺光拍摄具有较为明显的缺点，那就是会使人物显得比较

图 4-10　在顺光环境下拍摄植物的成片效果

呆板，部分成片立体感缺失，表现力也偏弱。因此，在顺光环境下使用手机拍摄时，可以通过以下几种方法提升成片效果。

图 4-11　顺光环境下依靠人物动作变化表现结构与空间变化

1. 拍摄人物时，顺光要依靠人物自身的动作变化来表现结构与空间变化。

在顺光环境下拍摄人物时，可以让拍摄对象微微侧身，使画面具有一定的空间感，不会显得平淡。为了使成片整体更具空间感，还可以让人物侧过脸，这样人物就有了立体的感觉，而且服饰的色彩与细节也得到了充分保留（如图 4-11）。

2. 由于顺光具有使成片丧失空间立体感的特性，如果希望拍出场景空间感时不要单纯使用顺光拍摄，将顺光作为辅光进行拍摄能够实现成片效果。

在顺光环境下进行面部特写的拍摄时，人物的脸部没有太多复杂的变化，显得比较单薄。为了让成片更加立体，摄影者可以选择在其他角度进行拍摄（如图 4-12）。换句话说，通过让人物侧面面对镜头，人物面部结构便会有了一定程度的加强。与此同时，基本上还原了人物的皮肤、妆容等细节。如果采用的是正面拍摄，成片的立体感必然会大打折扣。

图 4-12　在顺光环境下采用其他角度拍摄

图 4-13　五官立体的人适合在顺光环境下拍摄

3.顺光会使人物的面部变成平面，不管是优点还是缺点都会被放大，因此五官立体的人物适合顺光拍摄（如图 4-13）。

在顺光环境下拍摄五官立体的人物，且拍摄的是人物正面，可以看到成片效果依旧很棒。这是由于成片中的人物面部立体感很强，尤其是鼻子。拍摄对象的鼻梁虽然不像外国人那么高，但足以支撑起整体效果。如果是塌鼻梁的人进行同样的拍摄，效果可能会逊色许多。

4.2.2　侧光的应用

侧光也就是从拍摄对象的左方或者右方投射的光线，与拍摄对象和摄影机之间有着近乎直角的水平角度（如图 4-14）。在侧光环境下进行拍摄，可以使成片产生强烈的视觉冲击。

图 4-14　侧光

在侧光环境下使用手机进行拍摄，可以使拍摄对象的影子变得更加修长。尤其是在拍摄建筑物时，可以增添其表现力，成片结构明显，使影子的每一个细节都得到完美呈现，形成强烈的造型效果。

图 4-15　在侧光环境下进行人像拍摄的成片效果

不仅是拍摄建筑时可以使用侧光，在使用手机进行人像摄影时，通过侧光也能够表现人物的情绪（如图 4-15）。侧光也可以起到辅助作用，凸显画面的细节处。

4.2.3　前侧光的应用

前侧光也被叫做"斜射光"，光线来源于拍摄对象正前方 45° 左右的位置（如图 4-16）。每天上午九点到十点以及下午的三点到四点之间，太阳所呈现的就是前侧光。充分利用前侧光进行拍摄，可以使拍摄对象在成片中显现出明显的明暗变化，能够较好展现拍摄对象的整体质感。前侧光能够突出拍摄对象的立体感，这是由于

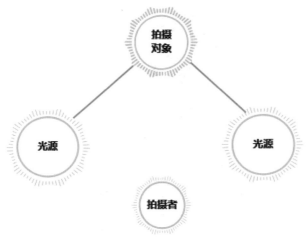

图 4-16　前侧光

前侧光具有产生光影间排列的特性，丰富拍摄画面的色调，从而达到提升立体感的效果。

　　如果是在室内使用手机进行拍摄，需要进行补光。想要通过人为补光满足前侧光的条件，需要在手机前侧 45° 左右的位置放置光源，使光线打到拍摄对象上，此时拍摄对象的一边会形成亮面，另一边只有很小的部分会被照亮。为了不使成片出现大面积暗处，可以在暗面安放一块反光板（如图 4-17），使左右两边的明暗反差降低。

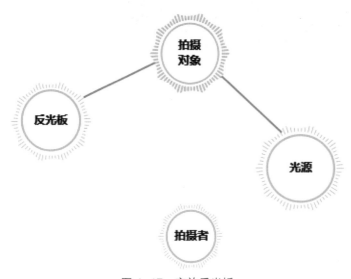

图 4-17　安放反光板

由于前侧光光源的位置可以在手机前侧 30° 到 60° 的范围内活动，因此在不同角度时光线效果也会大不相同。在拍摄人物时这种情况尤为明显：当光源位于手机前侧 30° 时，人物的面部几乎全部被照亮，未被照亮的暗面只有一小部分投影，光线看起来比较干净、整洁；当光源位于手机前侧 60° 时，人物面部只有一小部分处于光亮中，人物大部分都处于黑暗处，暗处投影比较大，如果控制不好会让光线看起来杂乱无章。

在前侧光环境下拍摄人像时，由于拍摄对象的性别、年龄、表情等不同，所突出的重点也有所差异，因此需要根据差异去调整光线。同时，还要注意主光的位置、角度、强度、与拍摄对象的距离等，尽量保持光线的干净和立体，使前侧光的优点得以充分发挥，力求成片效果更加完美。

4.2.4 逆光的应用

逆光是指拍摄对象位于主光源的正前方（如图 4-18），利用主光源照射所产生的眩光、光晕等效果勾勒出拍摄主体的轮廓或剪影。逆光能够增强成片的视觉冲击力，加大暗部比例，一些细节方面被阴影覆盖，拍摄对象的受光面积相对较小，从而产生线条简洁、轮廓分明的画面，给人强烈的视觉冲击，也进一步强化了成片的艺术效果。

图 4-18 逆光

利用逆光拍摄还可以使成片具有较强的表现力，能够使成片展现出与肉眼所感知的光线效果完全不同的艺术效果。逆光照射使拍摄对象具有更高的色明度和饱合度，展现出拍摄对象的光泽和透明度，使之具有透射增艳的效果。比如拍摄对象背对太阳进行逆光拍摄，就可以形成漂亮的轮廓光，成片会给人一种浪漫、温暖的感觉（如图 4-19）。

图 4-19　伸出右手遮挡太阳，并让阳光透过指缝露出，形成漂亮的轮廓光

　　逆光经常被运用到人像拍摄、静物拍摄等方面。在逆光环境下使用手机进行人像拍摄时，人物的正面大部分处于黑暗中，只有背面和边缘部分被照亮，所以通常会采用近景、特写等拍摄方法。在实际拍摄中会存在环境变化、光线大小等不定因素，为了让人物面部的阴影占比适当，逆光光源可以在烛光和修饰光之间交替使用。如果拍摄时光线太强影响拍摄效果，可以通过调整光照角度来拍摄，或者利用建筑物、植物等遮挡物来减少光线太强所造成的影响。

　　在对静物拍摄时使用逆光，可以满足摄影者拍摄比较立体的物体，或者是要表现拍摄对象立体感的要求。逆光环境下拍摄可以强化画面的明暗对比，相较于顺光拍摄来说，逆光更能体现物体的立体感。比如在逆光环境下使用手机拍摄花朵，可以看到花朵晶莹剔透，花瓣层次分明（如图 4-20）。

图 4-20　利用花朵遮挡阳光，使花朵周围形成轮廓光，更具立体感

4.2.5　侧逆光的应用

　　侧逆光可以说是前侧光的"反义词"，前侧光是位于拍摄对象前方 45° 左右的位置投射而来的光线，而侧逆光是从拍摄对象后方 45° 左右的位置投射的光线。与前侧光不同的是，侧逆光与拍摄者的夹角达到了 135° 左右（如图 4-21）。在侧逆光的照射下，拍摄对象 1/3 位于光照环境下，2/3 位于背光环境下。

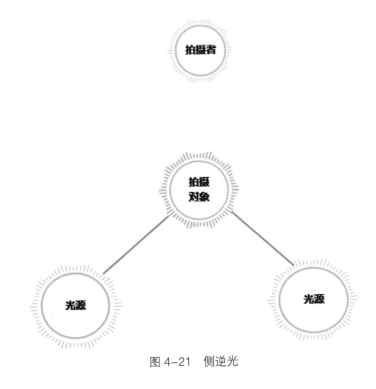

图 4-21　侧逆光

在侧逆光的照射下使用手机进行拍摄，可以使画面看起来不是平铺的，从而突出画面的层次感，使成片给人一种生动活泼的感觉。在侧逆光环境下拍摄时，需要注意光线对拍摄对象的影响，尤其是光线是否能够笼罩拍摄主体，否则拍摄的照片会缺乏空间感和立体感。

使用手机在侧逆光的环境下拍摄时，首先要注意拍摄时间。光线的强弱、明暗可以表达不同氛围，每一天的早晨和傍晚是比较适合进行逆光拍摄的时段，因为这个时间段的太阳是较为优质的侧逆光光源。每天的早晨和傍晚，太阳光线会比其他时段更为柔和，这样拍出来的照片会更生动，也更有层次感。

在这样的逆光环境下拍摄时，如果对焦或曝光不恰当会使拍摄对象整体处于黑暗中，无疑增加了拍摄难度。比如在早晨背对阳光自拍，对焦时选择了背后的太阳，人物整体都处于黑暗中，根本看不清楚。

在早晨或傍晚想要背对太阳拍出优秀的照片，可以在对焦时选择人物本身，而非背后的太阳。值得注意的是，逆光的光线直射镜头容易产生眩光，对焦时选择人物也未必能拍出优质的照片，此时可以在拍摄对象的正面进行补光，减少背对太阳光而造成的阴影部分。

总之，在侧逆光的环境下拍摄时，一定要控制好背景和拍摄对象的焦距和曝光，手机相机测光有时候不准确，需要摄影者手动调节或者借助补光工具，将拍摄对象和背景的焦距和曝光调整到比较好的状态，就能在侧逆光环境下拍出优质的照片。

4.2.6　顶光的应用

顶光，顾名思义就是来源于拍摄对象正上方的光线，或者说从上而下照射拍摄对象的光线。顶光与拍摄者之间构成了 90° 的夹角（如图 4-22），正午时分的太阳光可以说是常见的顶光。

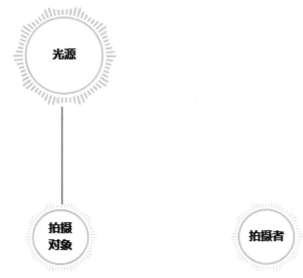

图 4-22　顶光

在使用手机拍摄静物的过程中，顶光能发挥良好的作用。比如拍摄摆件时，顶光的照射可以让摆件的色泽更加鲜艳，强化不同色彩之间的对比效果，同时调整画面的明暗比例，使画面明暗交替松弛有度。这就是利用顶光拍摄静物时所产生的造型感，所以顶光才能成为静物摄影中的常用光线。

由于顶光是从上而下照射拍摄对象的，因此拍摄对象的凸出部分会被照亮，而凹陷部分不会有太多光泽，这使得使用顶光拍摄人像的效果往往不尽如人意。例如，在拍摄人物面部时使用顶光，那么被拍摄人物的额头、颧骨、鼻子、嘴唇等较为凸起的部位将会处于光亮中，而眼窝、颧骨下方、鼻子下方等凹处将呈现较多的阴影。除了人像拍摄不适合使用顶光外，拍摄建筑时也不太适合使用顶光，这是因为在顶光的照射下，阴影垂直于地面，无法达到良好的拍摄效果。

要想利用顶光拍摄出优质的照片，我们可以利用一些小技巧。比如利用顶光达到控制阴影的目的，避免画面产生不和谐的感觉。再比如使顶光作为辅助光，使其作为色光气氛的空间光来使用。

除此之外，我们还可以握着手机顺着光线的角度垂直向上拍摄，使顶光变成逆光。比如拍摄植物时自下向上进行仰拍，突出了质感的同时有效地控制了曝光度，成片效果也非常棒（如图4-23）。

图4-23 通过自下而上进行仰拍的方式，使顶光变成逆光，更好地展现花朵的特性

4.2.7　底光的应用

底光与顶光恰好反了过来，光源位于拍摄对象的下方（如图4-24）。在进行人像拍摄时通常不采用底光，但在一些影视作品中，尤其是惊悚、恐怖题材的影视作品，为了突出反面人物、丑化角色、营造恐怖氛围等，会使用底光拍摄。事实上，顶光和底光都可以被列入反常光效的名单中，在日常摄影中并不常见。虽然底光很少应用在人像拍摄领域，但是在夜晚拍摄一些建筑物的时候经常会运用到底光。

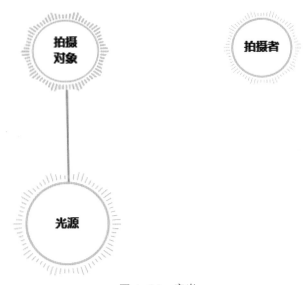

图4-24　底光

4.3　用不同性质的光线营造不同氛围

生活中的光线变化多种多样，有许多变化是肉眼无法感知的。在日常生活中，我们所用到的各种灯具，其光照性质和形态都是模拟自然光的性质和形态。而摄影中的光线处理也被光的性质和形态影响着，一点点细微的差别都可能营造不同的氛围。

氛围是一种很奇怪的东西，即便是拍摄同一个场景或事物，搭配不同的光线也能够产生不同的感觉。比如同样是西湖，在不同的天气会给人不一样的感觉，天气变化不仅仅使西湖有了阴晴雨雪的改变，还改变了光线环境，进而使人们产生了别样的感觉。接下来我们就来说说，不同的光线环境都能够营造哪些特殊氛围。

4.3.1　画面的力度感需要硬光加持

光的性质和形态可以分为两大类，一类是硬光，另一类是软光。从物理学中我们可以知道，光线是沿着直线传播的，在遇到一些介质的时候会形成反射或被吸收。而所谓硬光就是强烈的直射光（如图4-25），生活中常见的硬光就是中午十二点到两点之间的太阳光。

图 4-25　硬光

在硬光环境下拍摄时，拍摄对象迎光面的光线较强，画面看起来较为明亮，而背光面就会显得灰暗。因此在硬光环境下拍摄的画面具有强烈的冲击感，画面产生的阴影也比较深。虽然现在的手机大多数以美颜效果为主，会强调尽量避免硬光，但如果能合理运用硬光，可以使拍摄成片产生美妙的光影纹理，增加抽象效果。强烈的明暗对比，使画面的层次感更鲜明，能更好地塑造出拍摄对象的"力"和"硬"，比较适用于拍摄沿途美丽的风光、宏伟的建筑、表面粗糙的物体以及男性（如图4-26）。

在硬光环境下拍摄需要注意一点，由于光线过分照射，拍摄对象受强光的影响使得画面的影调生硬，无法突出表现拍摄主题。在用手机拍摄的过程中，由于手机的像素、光度调节等多方面因素的影响，往往导致拍摄中有效距离较短，对光线的掌握难度更大，受光线影响的情况也更严重。

在了解这一点后，使用手机摄影时，想要通过硬光加强画面的力度感可以从以下几个方面着手。

图 4-26　在硬光环境拍摄建筑的成片效果

　　了解摄影过程中光线的分布情况，找到适合在硬光环境下拍摄的位置和角度。比如在拍摄时将手机放在太阳直射的两侧位置（如图 4-27），避免手机镜头正对强烈的直射光，再将拍摄角度集中在拍摄对象的中心点，以此避免拍摄对象曝光过高而导致看不清、有糊图的情况。

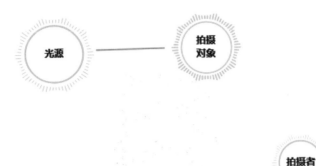

图 4-27　调整拍摄位置

　　在使用手机拍摄时，要合理应用硬光环境下拍摄对象明亮部分和灰暗部分的分布比例，将光更恰当地融入到背景中，烘托出拍摄氛围。同时，拍摄者还可以利用硬光作为逆光进行拍摄，使得拍摄物四周产生具有美感效果的轮廓光，但要注意拍摄物正面的光线不能过亮，否则会减弱逆光照明的效果，无法突出光感的真实性。在找到了合适的拍摄角度后，可以通过手机自带的各种模式对光进行调节，使得成片更具有层次感和画面冲击感。

4.3.2　唯美画面需要用到软光

　　作为光的性质和形态中的另一大类，软光的使用频率甚至要比硬光更高。软光又被称为柔光，事实上就是散射光，当光源被不透光或透光度较低的物体遮挡，其光线通过另外的介质反射到其他物体上（如图4-28），这种照射到其他物体上的光就是散射光。它之所以叫做"软光"就是因为它不像硬光一样刺眼。

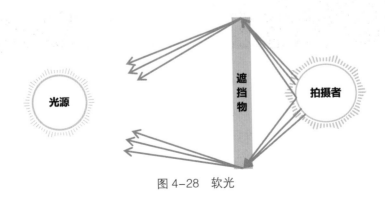

图 4-28　软光

　　硬光拍摄的立体感较强，强调的是画面冲击感，对光线要求较高；而软光恰恰相反，没有明确的强摄光，在阴天、雾霾天都能拍摄，在视觉上给人明暗的反差感较小，画面色彩相对没那么丰富，体现的是拍摄对象细腻的质感。

　　针对于软光的特点，拍摄物体的色彩、明暗结构就显得尤为重要，因此对于初学者来说处理软光的难度系数比较大。但是正所谓"读不在三更五鼓，功只怕一曝十寒"，如果能够合理地运用软光，那么想要打造唯美画面并不是什么难事。总体而言，软光具有三大优势。

　　第一，软光获得的图像较为逼真。由于软光的光质柔软，被投摄的物体上不会出现生硬的阴影面，反差也比较适中，影像接近于平常的状态，所以整体显得非常真实。同时，被拍摄对象表面的质感也会因为软光而显得格外丰富、细腻（如图 4-29）。

图 4-29　在软光环境下拍摄风景的成片效果

　　第二，软光不会造成大面积阴影，能够美化人像。软光是一种具有漫散射性质的光，并不具备明确的方向，不会因为照射而使事物产生明显的阴影，可以起到美化人物形象的作用。尤其是拍摄老人、女性和儿童时，能够淡化老人和女性的皱纹以及面部的小瑕疵，让儿童的皮肤看起来更加娇嫩。

第三，软光能够营造一种隐隐约约、若有若无的意境。在拍摄风景照片时有意识地降低曝光，就会使画面中的景物显得非常轻盈，营造一种轻柔、虚幻的氛围。正因为软光的这种特性，许多摄影师在创作具有中国画神韵的风光照片时，总喜欢在软光环境下拍摄，以此来提升作品的"灵气"（如图4-30）。

图 4-30　在多云天气下拍摄的软光效果

软光具有影调平柔的特点。无论是薄云遮日，还是暮霭沉沉，无论是未从地平线升起的太阳光，还是午后透过窗帘的一缕阳光，这些都属于软光。除了大自然制造的软光，在需要使用软光拍摄时也可以人为制造软光，比如在室内采用一些特殊的灯型。

但大家都知道传统灯具的光源几乎都是硬光，当我们需要用到软光营造出一种唯美的意境时应该怎么办呢？答案是借助一些工具。比如我们可以在灯前安装一些散光片，或是在白炽灯前采用柔光罩、柔光伞……喜欢软光的人总是可以通过不同的办法打造出软光的效果。在众多方法中，使用柔光纸营造软光环境是较为常用的方法之一，它不仅易折叠、重量轻、携带方便，使用也非常简单，加在灯具的遮光板上即可，但是它只适用于小场景的软光照明。

4.3.3　利用反射光摄影需要掌握的技巧

反射光也就是反射出来的光。用比较专业的方式来解释，反射光就是入射光照射到物体的表面，物体所反射出来的光。反射光在生活中是一种非常常见的光的形态，在摄影领域反射光也是经常用到的照明方式（如图 4-31）。

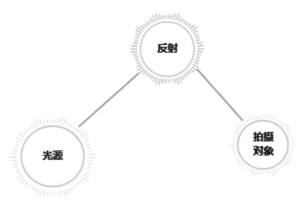

图 4-31 反射光

在摄影时，摄影师通常会利用玻璃、水平面、反光板、镜子等道具来实现光的反射，光线经过反射聚集到拍摄对象上，以此来塑造合适的光照环境。反射光尤其适用于手机拍摄，只要运用恰当就可以拍出优质的照片（如图 4-32）。

图 4-32 利用水面的反射效果拍摄照片

借助反射光使用手机拍摄时，需要注意以下几点。

1. 光源越开阔，光线越明亮。

要想达到柔化阴影、降低对比度的效果，我们可以使用较为广阔的光源。光源越广，光线能够反射的方向也就愈多，这样就会使拍摄对象整体更明亮，减少背光面存在的阴影。自然光无疑是非常优质的、广阔的光源，所以我们在使用手机摄影时要利用好自然光，可以将拍摄对象安置于既宽广又明亮，并且不受阳光直射的窗边。

2. 光源越近，光线越柔和。

当光源与拍摄对象的距离越近时，光线的来源也就越分散，这个时候我们可以通过调整光源与拍摄对象的距离把控光线的柔和度。

3. 道具越合适，效果越好。

一束很窄的光，如果我们把它投射在一个反光度不强而面积又很大的道具上时，光线在反射的过程中就会被分散到比较宽广的区域。但如果使用的是反光度较高的道具，光线被反射后依旧会显得很集中，无法突出反射光线的优势，也不能起到柔化的作用。因此需要根据不同的拍摄对象、光照环境等来挑选合适的反光道具。

4. 光源越远，主体越暗。

这是一个大家都知道的事情，因此在使用手机拍摄的过程中，我们一定要注意反射光的强弱。如果是在阴天环境下拍摄，需要将反射光安置在距离拍摄对象较近的位置，晴天则可以远一些。

总之，在使用手机拍摄的过程中，想要更加合理地利用反射光，必须掌握一定的技巧。这样，才可以使原本的环境变得更明亮，或者使光源更柔和、更饱满，拍出照片也就会更加好看。

第5章

人像大片，定格美好瞬间

图 5-1

　　以黑白配色作为画面主色调，抛开了衣服、背景等具有颜色的元素，使照片有了返璞归真的意味，让观者可以将所有的关注点放在人物本身，通过光线形成的光影对比进一步强化了画面中人物的整体效果。

5.1 改变拍摄视角，发现全新风景

即使现如今的手机拍照功能已经很强大，很多人也未必能够掌握拍照技巧，尤其是在人像拍摄这个问题上。"头重脚轻""大头娃娃""不到一米的身高"……总有一些手机摄影爱好者造成的"车祸现场"让拍摄对象哭笑不得。而那些掌握了拍照技巧的人，往往可以很快速而且很轻松地拍出高质量的作品，堪比专业摄影师。其实，只要掌握一些拍照小技巧，谁都能够成为朋友圈里的"拍照小达人"。

5.1.1 与镜头持平更加真实

拍照角度千千万，有些角度真难看。拍照角度的不同会使成片效果大不相同，有些人面容姣好，无论从哪个角度进行拍摄都非常漂亮，有些人则不然，所以我们在拍摄时一定要找准合适的角度。

保持面部与手机的前置摄像头在同一水平线上，可以起到拉近现实与图像距离的效果，能够起到保留自身特点、保持照片真实感的作用。除此之外，平视镜头可以将脸型、五官真实拍摄下来，使成片中的人物更有亲切感。

无论是自拍还是给其他人拍照，与镜头持平的方式都可以最大限度地展现人物五官的美感，在保持视线与前置摄像头处于同一条线的基础上，将手机平移而后进行拍摄。这种角度下所拍摄的照片中人物的头部微微偏向一方，能更好地展现出人物五官的美感（如图 5-2）。

值得一提的是，平视镜头拍摄自拍照虽然可以保持照片的真实性，但所拍摄的照片也很容易给人产生平淡无奇的感觉，这个时候可以借助一些道具，比如帽子、墨镜、围巾等，通过道具来丰富画面整体效果，使人物的形象更加饱满、活泼。如果手头没有上述道具，还可以借助手部动作及丰富的面部表情，更加真实地反映出个人的性格特点，展现真实的自我，同时也可以使照片不会过于死板（如图 5-3）。

如果自拍时有特殊需求，比如需要拍摄证件照，或者半身照，可以借助三脚架等工具进行自拍，并且根据自己的需求调整入镜角度。如果想要拍摄证件照，只需将手机镜头固定在眼睛水平的高度即可（如图 5-4）；如果想要拍摄半身照，则需将手机镜头固定在胸口位置（如图 5-5）；如果想要拍摄全身照，则需要将手机镜头放在腰部位置进行取景（如图 5-6）。

图 5-2　在与镜头持平拍摄时，将头部微微偏向一侧，展现人物五官的美感

图 5-3　在与镜头持平拍摄时，通过借助面部表情和手部动作，使人物的情绪更加饱满

图 5-4　拍摄证件照相机位置

图 5-5　拍摄半身照相机位置

图 5-6　拍摄全身照相机位置

5.1.2　45°角拍摄自然瘦脸

相信大家对于 45°角并不陌生。从数学角度来说，它是一种比较特殊且经常被人使用的角度，在数学计算和几何中也是一个特殊的存在。我们学生时代经常使用的作图工具——等腰直角三角尺，它的两个底角的角度就是 45°。

从人物成像的角度来说，所谓的 45°角拍摄，就是相机镜头和拍摄对象之间形成 45°的正面夹

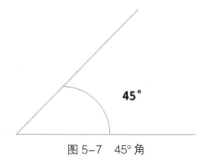

图 5-7　45°角

角。这种拍摄角度要求我们既不能躲开人物正面进行拍摄，也不是完全侧面拍摄，而是要将手机举起，使其前置摄像头与拍摄对象的面部形成约 45° 左右的夹角（如图 5-8）。

大多数人拍摄证件照不漂亮的原因就是因为正面拍摄再加上顺光，使证件照上的脸型显得非常圆润。而在 45° 角自拍时，由于手机和拍摄对象之间形成了 45° 的夹角，虽然在这个角度下拍摄对象只有一只耳朵入镜，却能清晰地将拍摄对象五官的绝大部分收入镜头，不仅可以增强人物的立体感和视觉效果，还可以起到修饰人物

图 5-8　将相机放在拍摄对象上方 45° 左右的
位置进行拍摄，起到瘦脸效果

脸型、美化人物的效果，进而呈现出人物的三维立体感，使照片上的人物达到"瘦脸的效果"。

在进行 45° 角俯拍时，我们不仅可以从正面拍摄，还可以从斜侧面进行拍摄。方法是用一只手拿着手机，将手机放置在身体左侧或右侧 45° 角的位置，手机要高于人的头部，自上向下拍（如图 5-9）。从斜侧面进行 45° 角拍摄能够让人物显得更加轻松自在，避免正对着镜头时产生紧张感。选择这种角度进行拍摄，使得人物的神情和心态得以放松，拍摄出来的作品会更加生动自然。

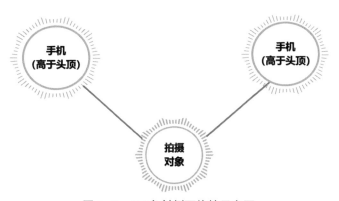

图 5-9　45° 角斜侧面俯拍示意图

有一点需要注意，如果我们用俯拍的方式给他人拍照，要尽可能地避免拍到全身，尤其当拍摄对象处于站立状态时，俯拍的方式会从视觉上拉低人的身高，看起来像一个"矮子星人"。所以俯拍的拍摄角度多用于拍摄半身照，这种拍摄角度能很好地修饰人物面部，达到瘦脸的效果。

除此之外，在进行45°角拍摄时，光线也非常重要。正所谓"有光才有影"，摄影就是以光来辅助。一般来说，很多人拍摄时喜欢用顺光，因为顺光拍出来的照片真实度高，也是比较容易处理的光线，但是这类照片有时候会缺乏层次感和立体感。我们可以尝试用手机在逆光下进行仰拍，使人物更加立体化，增强画面质感。需要注意的是，在逆光拍摄时一定要注意画面处理，避免画面中看不清人物的面庞，也可以尝试将人物变成剪影，会使成片显得比较别致。

5.1.3 侧脸入镜轮廓清晰

在生活中，很多人照镜子时会发现侧脸似乎要比正脸更耐看。其实这并不是因为镜面反射而使人产生的错觉，而是因为多数东方人的面部轮廓不明显，侧面恰好可以弥补这个缺点。因此，在进行拍摄时，我们不仅要注意光的角度和拍摄位置，还要考虑拍摄对象入镜角度的问题（如图5-10）。

图5-10　拍摄对象面向一侧，只漏出侧脸入镜，提升面部立体感

5.2　人像摄影常用构图

所谓"人像摄影"，就是将人物作为主要拍摄对象而进行摄影。人像摄影与人物摄影不同，前者的侧重点在于人物的本身，关注于人物的形态、面容等，对背景（或场景）和道具有一定程度的弱化，而后者偏重于人物及背景（或场景）的关系，对人物和背景、道具有着同等关注。在实际拍摄中，虽然部分人像摄影也具有一定

的情节，具体表现为人物与背景、道具间的联动性，但是其核心还是在于拍摄对象的形态、面容等方面。常见的人像摄影包括头像、半身像、全身像。

拍摄优质的人像摄影作品需要考虑的因素很多，比如拍摄对象的神情与姿态、构图、曝光程度、拍摄环境、后期制作等。因此在进行人像拍摄时需要掌握一定的小技巧，来为自己的作品加分。

5.2.1 极简构图，才能凸显人像

在使用手机进行人像摄影时，背景的重要性是显而易见的。在面对较为复杂的背景时，有经验的摄影者可以准确处理画面中各元素之间的关系，使画面看起来更加协调。然而，许多初学手机摄影的朋友在人像摄影时过分追求人物的表现，从而忽视了人物与周围环境的协调性，导致成片背景杂乱、人物主体不明确。

要知道，对于人像摄影来说，人物才是其主要表达对象，背景太杂、太乱，人

图 5-11 选择简单的黑色作为背景拍摄人像，突出了人物的面部特征

物会被喧宾夺主，从而难以表达拍摄对象的美感。而一个简单干净的背景，让人赏心悦目的同时，还能凸显人物的特性（如图 5-11）。

那么，在使用手机进行人像摄影时，我们应该如何选择背景呢？如果在室内进行拍摄，可以选取墙壁、纯色的背景布、地板、床单、地毯等作为背景；如果在室外，可以以建筑外墙、草丛、花丛、天空等作为背景。总而言之，就是背景要以简洁为原则。在拍摄时，还可以尝试以仰视、俯视等多角度进行拍摄。用心选择拍摄环境，会有意想不到的收获。

尽管人像摄影时可以通过简单的背景来凸显人像，但是简单的背景并不是时时都有，在很多情况下，我们无法选择拍摄的环境和地点。因此，学会如何打造出简单背景才是硬道理，下面为大家介绍一些获取简洁背景的常用方法。

1. 拉进镜头，凸显人物。

有时候外出旅游或者遇到街边美丽的景致想要以此为背景拍照，但是背景显得有些杂乱，这个时候我们可以尝试把镜头靠近、聚焦、放大。手机相机取景框的视野要比人的眼睛小很多，当把镜头拉近时许多多余的事物就会被删除。

图5-12 将镜头拉近,去掉了背后多余的背景,
只拍摄老奶奶的半身像,画面简洁了许多

图5-13 在闹市区拍摄人像,通过背景虚化的方式
让背后的人物变得模糊,突出人物主体

比如在街边的花丛中拍摄时,背景有树、广告牌、栏杆等,背景看起来非常杂乱,这样拍出来的效果自然会大打折扣。这个时候我们可以将手机靠近拍摄对象,或者将手机画面放大,将树、广告牌、栏杆等全部挡在镜头之外,变成纯粹的背景,整个照片看起来简洁了许多,拍摄效果马上提升了一个档次(如图5-12)。

2. 背景虚化。

如果是在闹市区、公园、商场等地拍摄,背景可能过于复杂,拉近镜头又无法凸显所处的环境,这个时候我们可以进行背景虚化。开启背景虚化后,无论背景多么杂乱,都会变得模糊。这种方法在消除背景干扰的同时,也能够凸显人物的主体性,犹如使用调色板对画面重新调色,使画面变得更加丰富多彩(如图5-13)。

5.2.2 永远不会出错的黄金比例

手机相机里自带的构图辅助线能够起到黄金比例构图的作用,其构图比例是"井"字形,其中四个交叉点的位置就是图片的焦点及视觉中心(如图5-14)。在拍摄时尽可能地将人物的头部放置在交点位置,起到突出人物主体的作用,同时增强照片整体的空间感及立体感(如图5-15、图5-16)。

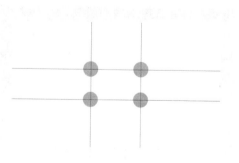

图5-14 黄金比例构图

图 5-15　将正在骑马的男人放在了黄金比例构图的焦点上，使画面整体的空间感更加强烈

图 5-16　将向远处眺望的女人放在黄金比例构图的焦点上，提升了画面整体的立体感

5.2.3 这样拍，分分钟变身大长腿

大家都知道有句话叫做"上镜胖三分"，然而镜头不仅有把人变成"小胖子"的魔力，还有把人变成"小矮人"的本事。在拍摄大头照或半身照时，我们尚且可以通过美颜修饰自己，遮盖自己的不足之处，可是拍摄全身照时我们应该如何遮挡不足之处呢？答案就是靠技巧。接下来我们就来探索一下将"小短腿"变成"大长腿"的技巧。

1.将一条腿向前伸。

人人都羡慕超模的大长腿，却不是每个人都能拥有这样得天独厚的大长腿，对于比较矮小或者腿部较短的人来说，拍出漂亮的全身照便是一大难题。但是，如果我们在拍摄全身照时利用"近大远小"的视觉效果，便能够提升拍摄对象的腿长。

比如坐在座椅或靠在座椅上进行正面拍摄时，如果拍摄对象将腿蜷缩起来就会显得腿很短，这时可以让拍摄对象将一条腿向前伸，通过视觉效果将腿部拉长。

图 5-17 拍摄对象将一条腿伸向前方，拉伸腿部线条，造成拉长腿部的视觉效果

在拍摄对象站立时拍照，如果拍摄对象笔直地站在那里，不仅会显得腿部不够长，还可能会暴露腿部缺陷，比如 O 型腿、小腿肌肉发达等。此时我们可以要求拍摄对象将一条腿向前伸或是侧前伸，但注意幅度不要过大，以免适得其反。同时，还可以让拍摄对象绷紧脚背，将身体的重心放在后脚上，也能够起到拉长腿部线条的作用（如图 5-17）。

除了将一条腿伸向前方，我们还可以让拍摄对象交叉双腿站立。这种站位可以让拍摄对象的双腿看起来更加笔直，大大改善成片中拍摄对象腿部弯曲的视觉效果，从而起到拉长拍摄对象腿部比例的作用。

2.进行仰拍。

拍照时的角度非常重要，尤其是拍摄全身照的时候。前文说到 45° 角自拍可以起到修饰脸型的效果，但在拍摄全身

照时千万慎用该技巧，一不小心就会把人拍成"身高一米五"，虽然有时候不会那么夸张，但是成片中拍摄对象看起来确实会比现实中要矮许多。想要拍摄出大长腿的效果，可以通过低角度仰拍的方式来进行，身材条件好的人也可以选择与镜头持平拍摄（如图 5–18）。

图 5–18　以仰拍的方式进行拍摄，修饰拍摄对象的腿部线条，
使拍摄对象的腿看起来更加修长

3. 让脚尖位于画面底端。

　　拍摄全身照时，如果人物位于画面的中间位置，或者偏上的位置，总之如果画面下方留白太多，便会显得人物的腿比较短。因此，在拍摄全身像时尽量让拍摄对象的脚尖位于画面的底端，但是不可以不露脚。将脚尖放在前面，可以让人产生后面物体变小的错觉，从而造成腿部很长的视觉效果。除了脚尖位于画面底端之外，拍摄时还应该在拍摄对象头部以上留有部分空白，利用空间感拉长人物比例（如图 5-19）。

图 5-19　拍摄对象面向一侧站立，将其脚部放在画面最低端，并在画面上部留白，
形成腿部线条变长的视觉效果

5.3　不会摆 pose 怎么办?

　　我们在使用手机拍照的时候，有一点很重要却经常被忽视，即如何让拍摄对象摆好 pose（姿势），只有姿势摆得好看，拍出来的照片才能好看。然而，许多初学手机摄影的人都会想当然地认为，摆 pose 不过是让拍摄对象向左侧或者右侧转动一下身体，但这样拍出来的照片很多都是"不合格"的。

让拍摄对象学会摆 pose，也是摄影者的基本功课之一，下面我们来看看哪些 pose 简单易学，能够帮助我们拍摄出优质的照片。

5.3.1　颇具创意的手机摄影

通过错位效果让人物与画面中的其他物体建立一定联系，比如让拍摄对象站在远处，并将水瓶放在近处，利用错位的方式呈现出人物"站"在水瓶上的效果。除了这种错位效果外，我们还可以在实际生活中挖掘更多的方式，以达到错位效果（如图 5-20）。

图 5-20　拍摄对象站在桥边，左手或双手做出"捧"状，
拍摄者通过移动手机相机实现错位，呈现出手捧夕阳的效果

人像拍摄固然是为了突出人物的特征，但是有时候也少不了一些创意。为了让画面看起来更加有趣，我们可以在拍摄时使用软件为人物加上一些装饰物。

虽然人像摄影是针对于人物的形态、面容等，但是我们也可以做一些大胆的尝试。比如为了凸显个性，我们可以使用滤镜，将照片变成素描（如图 5-21）。在滤镜的作用下，照片似乎变成了一位美术生的作业，让照片整体效果变得与众不同。

图 5-21　拍摄照片后，通过手机自带的编辑软件，
为照片添加"素描"滤镜，形成素描效果

除了添加装饰、使用滤镜之外，我们还可以拍摄人物的倒影（如图 5-22）。在黄昏时分让人物背对太阳站立，太阳光会将人物的影子拉长，起到修饰身材的作用，然后将影子拍摄下来，给人一种人物是从光影中走出来的感觉。

图 5-22　在傍晚时分，站在两个柱子之间，通过阳光拉长身影，形成光影效果

5.3.2 只拍局部保持神秘感

图5-23　让拍摄对象保持平视，将镜头调整为微距，对焦到拍摄对象的眼睛上进行拍摄

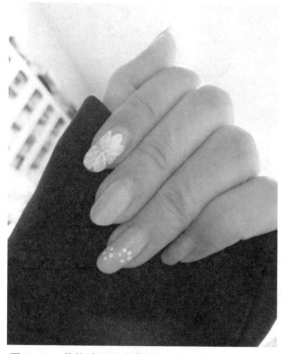

图5-24　将镜头设置为微距，以颜色较深的衣袖为拍摄背景，突出手指上的美甲图案

在爱好用手机自拍的人群中，有些人热衷于自拍局部照片，比如只拍自己的眼睛、手、腿、脚、侧脸等。这些局部照避开了完整事物，反而给人一种神秘感和唯美感，给人留下很大的想象空间。

自拍局部照片有很多优势，其中较为显著的就是画面更有针对性，没有太多的内容充斥，通常只有一到两个主体，给人简洁的感觉。另外，在进行自拍时，我们完全可以选择自己优势的一面，比如嘴巴好看就只拍嘴巴，眼睛好看就只拍眼睛，将自己美好的一面呈献给大家，同时激发观者的想象力（如图5-23）。

拍摄局部画面时，要尽可能地凸显主体，直接将镜头聚焦在拍摄对象上，让观者一眼看出想要表达的重点，后期还可以加上暗角效果，使画面更加抓人眼球。比如拍摄自己手指上新做的美甲时，可以通过拍摄主体的特性来映衬自身整体的关联特性，利用局部美隐喻性地表达出整体美（如图5-24）。

在自拍局部入镜时，可以尝试为画面留白。运用三分构图法，拍摄前根据实际情况将要拍摄的画面横切或直切为三等分，2/3做

图 5-25 利用三分法拍摄脚部，使脚部占据画面 1/3，剩余 2/3 留白

留白处理，1/3 安排拍摄主体，这样可以表现构图美感和增加想象空间（如图 5-25）。

如果在自拍时想要拍摄局部，但是又不想只是拍摄眼睛、鼻子、嘴巴这么单调，我们还可以尝试用一些方法对面部进行遮挡，拍摄出只露出面部局部的自拍照。比如我们可以将头发挡在脸前，露出半张脸进行自拍。这样做的好处是简单且不会感觉突兀，而且会使得照片中的女性多了一丝妩媚，但头发短的人士无法使用。

对于头发较短的人士，可以用手遮挡面部。这样拍摄可以同时展现手部和面部两个主体，而且可以增加拍摄人物的趣味性，给人比较俏皮的感觉。在室外自拍时，我们还可以巧妙地利用植物，悄悄躲在植物后面，使用植物遮挡面部。这样既可以分享植物的美好，也可以展现自我的美丽（如图 5-26）。

图 5-26 局部拍摄时，故意不拍摄面部，以手中握着的一束鲜花作为画面核心，提升拍摄对象的神秘感

5.4　和宠物一起拍照吧

宠物为众多家庭带来了欢乐，相信每一个饲养过宠物的人都会认为与宠物相处的日常是非常美好的时光，因此在饲养宠物之外，"铲屎官们"总会不由自主地想要记录它们在生活中的点点滴滴。

虽然"铲屎官们"对于宠物有着无尽的热爱，但是给宠物拍照却不是一件容易的事。宠物们大多活泼好动，想抓拍一个精彩的镜头很不容易。

接下来我们介绍一下与宠物拍照时需要注意的几点，希望可以帮助"铲屎官们"把自己与宠物相处的亲密时光完美地记录下来。

5.4.1　宠物怎么拍

在拍摄与宠物的亲密时光时，尽量选在白天或者是明亮的室内。因为在这样的环境下只需要自然光就可以了，不需要借助闪光灯进行补光，能够避免伤害宠物的眼睛，还可以避免惊吓到宠物（如图 5-27）。

图 5-27　在草地上踩着滑板，狗狗吐着舌头，看起来非常开心

拍摄时不要强迫宠物摆什么姿势，要让宠物们处在一个舒服和放松的环境下，让镜头慢慢跟近，使镜头与宠物保存水平一致，捕捉宠物当时的微表情。有时候宠物会表现得很快乐，有时候又会略带忧郁，有时候也会充满委屈……这些表情会让宠物看起来更加有趣。

尽情展现宠物的个性。如果你的宠物是一只馋嘴而热情的狗狗，那就尽情展现它看到喜欢吃的东西时馋嘴的样子；如果你的宠物是一只爱撒娇而慵懒的猫咪，那就把它懒洋洋或撒娇时的模样记录下来。每个动物都有自己的天性，展现天性是宠物拍摄的关键（如图 5-28）。

图 5-28　在自然光环境下拍摄睡着的猫咪，较为自然地呈现了猫咪在此刻的安静

5.4.2　拍摄与宠物的亲密时光

与宠物美美地合照可以说是众多"铲屎官"的梦想了，可是宠物们往往只会对"铲屎官"投来嫌弃的目光。那么我们在拍摄和宠物的合照时，怎么样才能表现出和宠物的亲密关系呢？

图 5-29 在野外拍摄的宠物与主人的合影

1. 抓拍宠物的"微笑"。

很多人都想拍摄宠物"微笑"时的样子，但是却未必能够抓拍成功，这就需要"铲屎官们"对宠物进行适当的引导。首先"铲屎官们"需要关注宠物的状态，在关键时候来逗它们，使它们张开嘴并保持"微笑"。当然，为了拍摄效果更好，也可以在拍摄前让宠物保持兴奋，这样更容易抓拍到宠物的"微笑"（如图5-29、图5-30）。

2. 与宠物对视。

与宠物合照的首选方式就是与宠物进行目光对视。当"铲屎官"温柔的目光与宠物对视时，宠物们通常会乖乖地望着"铲屎官"，变得比较平静。而对视合照恰好也构成了一种对称式构图，简单又相互呼应，拍出来的照片就可以避免尴尬（如图5-31）。如果不能与宠物对视，还可以通过自己的方式引导宠物，比如用手指指向一个方向，或者将宠物喜欢的食物、玩具等放在希望它看向的方向。

图 5-30　在和主人握手时，金毛犬表现得较为兴奋，露出了类似"微笑"的表情

图 5-31　女孩与金毛犬对视，形成了对称式构图，拍摄的画面非常温馨

3. 与宠物拥抱。

如果"铲屎官"觉得与宠物对视的合照显得不够亲密，也可以换个更亲近的方式——与宠物拥抱。每个"铲屎官"肯定都对自家的宠物爱不释手，拥抱正好可以体现"铲屎官"与宠物之间亲密的感情。拍摄时要让宠物感到舒服和自在，"铲屎官"也可以将脸依偎在宠物身旁，然后一起面对镜头，这样拍出来的照片便会流露出满满的亲密感（如图 5-32）。

图 5-32　女孩和金毛犬依偎在一起，尽管金毛犬并没有看向镜头，
但还是可以让人感受到他们之间的亲密感

4. 与宠物互动。

与宠物互动也是让宠物放松，抓拍"铲屎官"与宠物亲密瞬间的方法之一。但在与宠物互动时一定要考虑宠物的情绪，不要惹恼宠物，更要注意宠物的安全，不要让宠物因此受伤。

5.5　怎样摆拍才不会身体僵硬

在使用手机拍摄人像时，很多人会遇到这样的困扰——当我们要求拍摄对象摆出姿势时，对方好像被禁锢了，身体的肌肉都处于紧绷的状态，成片效果大打折扣。当遇到这种问题时，拍摄者可以通过这些技巧，让拍摄对象在自然的状态下进行摆拍。

5.5.1　摆拍也要换角度

在日常生活中，有很多女生在拍照的时候，都有过这样那样的尴尬经历，有时候一遇到拍照大脑就会一片空白，完全不知道手脚应该放在哪里。或者是隐约中记得在哪里看过一些拍照姿势，但是仔细回想却一点也想不起来，在镜头面前表现得不知所措，整个人僵在那里，导致拍出来的照片效果并不是那么令人满意。

其实这也是正常现象，毕竟作为普通人，没有镜头感似乎更贴近现实状况，这个时候就需要拍摄者来引导拍摄对象了。

那么，我们在这里就来谈谈，拍摄者应该如何引导女性拍照才能拍出好看的照片呢？

先来说说常见的几种 pose：脸疼、头疼、腰疼、肩膀疼、腿疼。所谓的脸疼、头疼、腰疼、

图 5-33　为女性摆拍的成片效果

肩膀疼、腿疼其实是网友们的戏称，是因为许多模特经常使用这样的 pose，与人们身体疼痛时用手抚摸的姿势有些相似，因此被人们戏称为脸疼、头疼、腰疼、肩膀疼、腿疼。要摆这些 pose，只需要让拍摄对象佯装身体不适，将手放在相应的位置即可，属于比较简单的摆 pose 技巧（如图 5-33）。

在众多的摆拍姿势中，回头微笑能够展现女性独特的柔美。"回眸一笑百媚生"出自白居易所写的《长恨歌》，用来形容杨贵妃的千万风情和魅力在回头一笑的瞬间绽放。因此这一节主要讲述的是，如何拍摄女性回眸一笑的瞬间。

图 5-34　女性的回眸微笑

为什么女性回头微笑总是会给人一种神秘妩媚的感觉呢？这是因为笑容本就可以为一个人平添魅力，尤其是女性的微笑让人感觉如沐春风，更能表现出女性的柔情似水。再加上回首时只能展现一部分面庞，这种"犹抱琵琶半遮面"的感觉时常会引起人们的无限遐想，从而产生些许神秘感。迷人的微笑外加些许神秘的侧面，使观者产生想要走到正面一窥究竟的欲望（如图 5-34）。

那么我们在使用手机拍摄人像时，怎么样操作才能使照片呈现"回眸一笑百媚生"的神态呢？

想要拍出侧面照的既视感，可以请拍摄对象保持背对镜头，身体微微侧向一边，并回头看向镜头，直到在画面中看到拍摄对象的一侧肩膀完全遮挡另一侧肩膀。这样拍摄出来的照片会更显得人物身材苗条，且动作自然、不做作。而想要使拍摄对象看起来更加恬静，可以让其保持微笑。这里所说的微笑是指笑不露齿。在摄影时适度的微笑能够让女性看起来更加温柔与安静，还会平添不少妩媚，但要注意点到即止，不要笑得太过肆意（如图 5-35）。

图 5-35　拍摄对象在镜头前侧立，并将头转向镜头，
露出微笑的表情，增添了女性特有的柔美

在景区拍照时，拍摄者可以要求拍摄对象打开双臂，将腿伸向一侧，使整个人都处于"打开"的状态，能够营造轻松愉悦的氛围，也能够凸显拍摄对象快乐的心情。在户外场地拍摄时，可以趁着有微风的时候，让拍摄对象将身体正面朝向镜头，露出脖颈，同时将头转向一侧。在微风吹过和转动头部的双重作用力下，拍摄对象的发丝会随风舞动，此时立刻按下快门，将这个瞬间记录下来。这种方式可以更加突显拍摄对象侧脸的轮廓，突出其脖颈的细长与身材的清瘦，并且能使画面动感十足。

图 5-36　在微风浮动的午后，拍摄对象将手放在额头遮挡阳光，
将身体的线条美完全展露出来

倚靠拍照也是比较常见的动作，这里给广大拍摄者强调一个小技巧——在拍摄对象依靠物体拍摄时，尽量让其摆出一个"凹"的造型，这样拍摄的效果会更加自然。可以让拍摄对象侧坐在一个位置，同时要求拍摄对象的面部朝向镜头，露出大约 3/4 的侧脸，下巴微微收紧，用肩膀稍稍遮挡下巴，嘴角微微上扬，露出微笑的表情。这样就可以让拍摄对象的身材看起来更加纤细，下巴在肩线的影响下显得更加尖锐，从而使脸部看起来没有赘肉，搭配微微上扬的嘴角更显女性柔美（如图 5-36）。

当拍摄对象保持坐姿拍摄全身照时，千万不要让拍摄对象将膝盖对着镜头，这也是我们上文中说过的——会显得腿很短。如果觉得双腿平行很拘谨或者有些呆板，可以让拍摄对象把双腿的姿势调整为一曲一直，构成比较适合的角度，可以借鉴 91 页的图 5-33 的坐姿。

除此之外，拍摄者还可以让拍摄对象尝试跳跃式的拍照方式，前提是拍摄对象所穿的是平底鞋。这种拍摄 pose 不必拘于场景，无论是草地上、柏油路面上、沙滩上……任何场景都可以随便跳（如图 5-37）。

当摆拍的拍摄对象是男性时，上述方式就不太适合了。男性摆拍时的姿势相对较少，比如整理袖口、手扶眼镜等。另外，在为男性摆拍时选择合适的背景能够起到很大作用。在大多数人的印象中，似乎只有在给女性拍摄照片时才会使用纯背景，其实男性同样可以使用纯背景拍摄照片（如图 5-38）。

图 5-37　一群年轻人在沙滩上肆意跳跃，彰显了属于他们的活力

图 5-38　在花海背景前，身着西服的男性低头整理袖口，
展现了男性的忧郁性格，也给人一种很强的带入感

　　给男性拍照时，拍摄者还可以让拍摄对象侧坐在镜头前，目光眺望远方或看向手中的物体，一条腿微微弯曲，另一条腿自然伸向前方。这样的照片给人一种男性在认真思考的感觉，也可以凸显男性的腿部修长。

　　在拍摄男性独照时，如果想要照片看起来比较正式、严肃，或者是想要达到彰显男性成熟的效果，拍摄者可以选择在白墙前面拍摄，并要求拍摄对象将两条手臂交叉环抱于胸前。

　　如果拍摄对象希望展现自己比较有趣的一面，还可以用手遮挡自己的面部，比如将手放在眼镜上，做出类似于扶眼镜的动作，再比如在打球时抓拍一张正在运球的动作，凸显男性的活力与健康的体态（如图5-39）。即便是非常简单的动作，也可以在比较自然的情况下给人一种意境美，把同样注视照片的人带入新的世界。

图5-39　正在运球的男性，画面充满了张力与动感

5.5.2　合照不妨这样拍

　　掌握手机摄影，除了需要学习单一人物的拍摄，还要学习群体人物的拍摄。当

一群人出去春游时，没有好的拍摄者怎么能够定格美好的瞬间呢？因此这一节我们就来讲讲用手机拍摄与朋友的合影。

在拍摄朋友间的合影时，首先我们需要选择一个好的背景。假如想拍出酷酷的街头感觉，就要找到一面纯色、干净的背景墙，还可以搭配颜色较为鲜艳的衣服，以此凸显个性。假如想要拍摄小清新的风格，就要找充满了小清新风格的背景，从而得到想要的效果。

当好朋友们聚会或者一起外出游玩时，一定是少不了合拍的，但站成一排又会显得很无趣，自然无法凸显拍摄者的技术了，这个时候拍摄者可以指导大家一一站位。下面为大家介绍几种常见的朋友合影的 pose。

1. 统一动作。

多人合影时可以做同一个动作，比如将手伸向前方并竖起大拇指，再比如用手指天、用手比"V"。如果觉得拍摄对象全部做同一个动作会显得呆板，可以让一个人用手抚摸头发，另一个人则触摸脖子或者耳朵，动作大致相同，但细节处又有差异，从而产生相对活泼的画面（如图 5-40）。

图 5-40　在拍摄多个儿童的合影时采用了俯拍的方式，
让人物的状态基本上统一，使画面比较和谐

2. 手持道具。

多人合影时，可以选择一处空地或者操场，有落叶的地方更为适宜，拍摄对象头对头躺在一起，然后闭上眼睛或用手捂上一只眼睛，露出微笑的表情；也可以让拍摄对象每人拿上几朵鲜花或树叶当作道具，拍出来的成片很有文艺青年的质感。

3. 选择背景。

多人合影时还可以选择一面有颜色或者带有涂鸦的墙壁作为背景，拍摄对象可以穿着衬衫、长裙或短裤等，摆拍的姿势可以随意一些，在展现出朋友亲密关系的同时，又有一种"雅痞"的味道（如图 5-41）。

图 5-41　一行人站成一排，以水面为前景、蓝天为背景拍摄照片

4. 拍摄背影。

多人合影时如果不想露脸，但是又想表现出出去游玩的感觉，可以拍摄人物的背影。一行人走在路上，有人站在背后拍下走路的过程，也不失为一种有趣的拍摄方式（如图 5-42、图 5-43）。

5. 拍摄局部。

现在很多人追求个性，因此在拍摄多人合影时，未必一定要出现人物。我们可以拍摄人物所吃的食物，也可以拍摄所有人物所穿的鞋子，还可以在逆光环境下拍摄人物剪影（如图 5-44）。

图 5-42　一行人在旅途中拍摄照片，以汽车为前景、蓝天和草原为背景，既突
出了旅行的目的地，也展现了旅行中的状态，同时让画面充满活力

图 5-43　和朋友一起坐在矮墙上，以天空、水面为背景，所有人的背影入镜，
并随意摆放姿势，即便没有人正面入镜，但也能够让观者体会到当时的欢乐氛围

图 5-44　以朝阳为背景，所有人背对太阳站立，并随意作出跳跃、拥抱等姿势，拍摄出人物剪影效果，拍摄手法另类的同时也能够展现每个人的个性

5.5.3　亲子时光这样拍

　　和家人在一起时，所有人都想留住美好的瞬间，或每次外出旅行，都想把与家人在一起的亲密时光拍出别出心裁的感觉，但有时候就算绞尽脑汁，也只是站成一排在镜头前比了个"耶"。因此在一些手机摄影初学者看来，为一个人拍照再难，也抵不过为一家人拍照难。

　　其实，为一个家庭拍照并不是什么难事，只要你掌握了拍摄全家福的技巧，便可以拍出温馨的家庭照。

　　全家福讲究的就是一个"全"字，或者说是团圆。拍一张完整的全家福，好像是定格了家庭成员的团圆，因此全家人一起拍照具有不同寻常的意义。在使用手机拍摄全家福时，我们可以多学一些拍照姿势，通过别样的方式留住美好瞬间。

　　比如全家人聚在一起时，可以摆出一个倒三角的形状——爸爸、妈妈、叔叔、阿姨这个辈分的人站在后排，爷爷奶奶站在中间，孙子、孙女则站在前面。这样拍出来的照片不仅看着整齐，视觉上也会让人感觉很舒服。

图 5-45　妈妈和孩子的合影

　　如果是为一家三口拍摄照片，可以巧妙运用身边的道具，因为道具在一张照片中能够展现出协调作用。比如家庭中可爱的孩子就可以担负起"道具"的重任，在拍摄过程中妈妈可以依偎在爸爸怀中，两个人一起抱着孩子，并且眼睛都聚焦在孩子的身上，让画面中充满了甜蜜又幸福的氛围（如图 5-45）。

　　如果拍照的家人比较多，可以选择相互依偎在一起或者随意围坐在一起，孩子可以在画面的前方，而后是成年人和老人，整体看起来温馨且随和，也象征了孩子是家庭的希望。

　　如果一家人外出游玩时需要拍照，可以选择坐在绿油油的草坪上，随意围坐在一起，所有人的目光随着长辈手指的方向看向远方，这样的画面在轻松的意境中还带有几分惬意（如图 5-46）。当然，也可以趁着大家休息时或在行走中随意抓拍一张照片，虽然画面或许有些凌乱，但画面的真实感是无可取代的。

　　或者一家人可以靠在一起并摆成一条线，画面中所有人有序站在一起，不需要太多的动作就可以完美呈现亲人之间的亲密感。如果想要表现得更加亲密，可以相互依偎在一起。

图 5-46　外出游玩时随意抓拍与家人的合影，
照片中孩子看向爸爸手指的方向，画面十分和谐

5.6　活泼好动的儿童这样拍

孩子是上天赐给每个家庭的礼物，随着手机的普及以及手机摄像头技术的发展，越来越多的家长喜欢用手机为孩子拍摄照片来记录他们的成长。那么，如何才能为孩子拍摄更多有意义的照片呢？接下来我们一一讲述。

5.6.1　小手手和小脚丫的特写

在孩子的成长过程中，许多家长都喜欢给孩子拍照片，来纪念他们的成长过程。而作为突出照片主题时常用的景别——特写，也成了为孩子拍摄照片的一门必修课。尤其是拍摄孩子的小手手和小脚丫，不仅可以体现孩子的天真与美好，还具有别样的艺术气息（如图 5-47）。

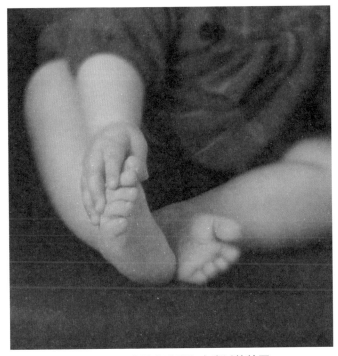

图 5-47　孩子小手手和小脚丫的特写

想要拍摄好孩子小手手和小脚丫的特写，我们需要掌握这些技巧。

1. 突出主题。

想要给孩子拍摄小手手和小脚丫的特写，相对直接的方式就是将镜头聚焦到孩子的小手手或者小脚丫上，这样观者可以一眼看出拍摄者想表达的重点。但是这种看似简单的拍摄方式，更加需要拍摄者仔细思考与布局，因为主题与背景在画面中的差异往往会带来完全不同的效果。比如拍摄孩子的小手手握着爸爸妈妈的手指，可以使画面变得更加温馨；爸爸妈妈用手托着孩子的小脚丫来拍摄照片，可以显得孩子的小脚丫更加稚嫩（如图 5-48、图 5-49）。

2. 利用留白。

留白是手机摄影中的常见名词，也是我国艺术创作中经常使用的一种手法。而在给孩子拍摄小手手或小脚丫的特写时，我们也可以利用留白手法。当然，这里所谓的留白不仅指空白的背景，还包括画面中除拍摄主体之外的一些相对空白的部分，比如单色背景、天空、路面、水面、草原、虚化景物等，其要素就是简单、干净，不会产生喧宾夺主的效果，能够突出主体（如图 5-50）。

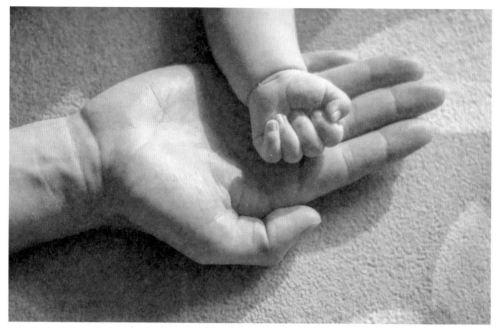

图 5-48 爸爸的手托着孩子的小手手拍摄特写

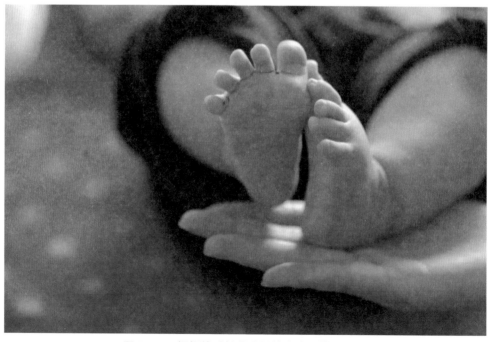

图 5-49 妈妈的手托着孩子的小脚丫拍摄特写

图 5-50　将画面聚焦到孩子紧握的拳头上，对背景进行虚化处理，凸显拍摄主体

3. 使用光影。

摄影的本质就是通过光影作画，即便我们拍摄的对象是孩子的手和脚，但光影仍是可以充分利用的元素。光影的使用看似简单，却能在简单中提升作品的档次，还能增加照片的丰富性。前文我们说到了不同光线对于成片质感的影响，为了提升成片的质感和通透性，在运用光影时，我们需要注意观察光线的方向，从而选择合适的拍摄时机（如图 5-51）。

4. 把握色彩。

无论是特写还是其他摄影景别，色彩都是重要的一环，它不仅仅可以体现出颜色的不同，还代表着不同的情绪和意义。比如我们常说的蓝色代表忧郁、红色代表热情。再比如以红、橙、黄为代表的暖色调，给人以温暖、朝气的感受；而蓝、绿代表的冷色调，则有一种平静、安祥的感觉。因此，我们在给孩子拍摄小手和小脚丫的特写时，需要根据表达的主题选择不同的色彩，想要表达温馨的画面，就选择暖色调，想要表达孩子的纯粹与干净，可以选择偏冷的色调（如图 5-52）。

图 5-51　婴儿坐在母亲的腿上，露出了自己的小脚丫，阳光错落有致地照耀在
这对母子身上，让画面看起来十分温馨

图 5-52　采用暖色调进行拍摄，将母子二人大手牵小手的温馨感表现出来，
让人感受到其中的骨肉之情

5.6.2　抓拍儿童的有趣瞬间

抓拍永远是摄影师和摄影爱好者感兴趣的拍摄手法之一，也是考验摄影者技巧的拍摄方式。好的抓拍会显得人物表情真实、动作自然生动，富有感染力，相反，则会显得人物模糊、主体不明。

总体来说，抓拍并不是一件容易的事，尤其是抓拍小朋友时。而对于儿童摄影来说，拍摄者是否能熟练运用抓拍的技巧，对于成片效果起到了决定性影响。但是大多数手机摄影初学者并没有儿童摄影经验，也不清楚抓拍应该从哪步做起，下面我们就和大家一起解读一下抓拍儿童的技巧和常识。

大人想要为孩子抓拍一张好看的照片，但是孩子并不一定会配合，这个时候我们可以通过一些道具和有趣的东西来吸引他们的注意力，例如：食物、玩具、宠物、绘本等。通过这种方式，不仅可以吸引孩子的注意力，让他们任由大人"摆布"，还能给我们充足的时间抓拍孩子真实的情感，更能通过孩子与道具之间的互动，增加照片的趣味性。

比如我们可以带孩子到健身器材处玩耍、带孩子到湖边划船、让孩子追逐肥皂泡……总之，只有让孩子动起来才能够制造抓拍的机会（如图 5-53、图 5-54、图 5-55）。

图 5-53　抓拍在围栏附近"凑热闹"的儿童

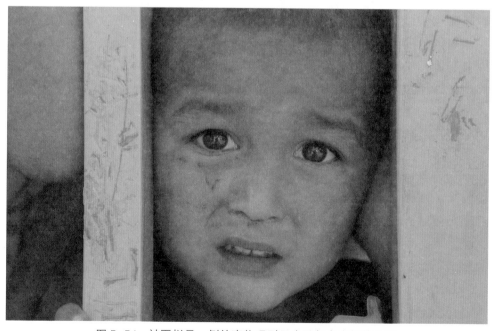

图 5-54　被围栏另一侧的事物吸引目光而努力张望的儿童

图 5-55　穿戴好全部护具后学习轮滑的儿童

此外，我们还可以做一些动作来逗孩子笑。小孩子的笑容是灿烂的，也是真诚的，能够捕捉到孩子天真的笑容，照片效果也会好到让人惊喜（如图 5-56）。除了笑容外，孩子们总能在不经意间做出各种让人惊讶又倍觉可爱的动作，这些瞬间是非常值得纪念的，应该抓拍下来。例如在充气城堡中玩耍时，坐在充气椅子上不经意间摆出的傲娇动作，充满童真。

图 5-56　被事物吸引露出笑容的儿童

上面我们说了什么时候应该对孩子进行抓拍，下面我们来讲讲如何提高抓拍的质量，也就是抓拍孩子的技巧。

1. 抓拍时让自己融入其中。在抓拍时我们要尽可能地把自己想象成一个孩子，融入到他们的世界中，去感受孩子的感受和想法，从而预测孩子的行动轨迹，然后就可以开始抓拍了。为了提升拍摄效果，我们可以选择连拍，然后从连拍的照片中选择拍摄质量较好的一张或几张照片，这样可以抓住孩子的动作瞬间，大大提升抓拍的成功率。

2. 拍摄时要处理好孩子的眼神。通常来讲，人们都喜欢孩子天真无邪的眼神，即便是在观看孩子的照片时，人们的目光也很容易被孩子的眼神吸引。因此，在为

图 5-57　小女孩坐在地上玩耍，眼神明亮且干净、纯粹，透露着孩子的天真

孩子拍摄照片时我们要处理好孩子的眼神。而要想让成片中孩子的眼神动人，这就要考验拍摄者对于拍摄时机和位置的把控了。当孩子位于阴影位置但光源充足时，我们可以进行抓拍，这样能获得动人的眼神效果（如图 5-57）。千万不要在孩子直面光源、无法睁开眼睛时进行抓拍，这样拍出来的照片，小孩子的眼睛会变成"一条缝"。

　　3. 在抓拍时处理好与孩子之间的距离。大多数拍摄者都会站在孩子两三米之外进行拍摄，以求拍摄全身像或半身像，但全部采用这种方式拍摄难免显得单调。为了增加照片的趣味性，我们可以选择一米以内的近景拍摄或者面部特写，打造出不同的成片效果。

　　在为儿童拍摄照片时，许多摄影朋友们都会以自己的角度去取景。然而，从为儿童拍摄照片的成片效果来看，这样的拍摄手法拍出的作品相对平淡，难出佳品。这是因为成人与儿童之间有着不可忽视的身高差距，如果成人以自己的视角拍摄孩子，那么就是俯拍，效果大多不尽如人意（如图 5-58）。

　　因此，我们在为孩子拍摄照片时，可以从对方的视角进行拍摄，低下身与孩子视线水平保持一致或者更低，放低镜头高度，自然而然地进入对方的视线。这样做不仅可以降低与孩子的距离感，还能捕捉孩子真实生活中的自然状态，为孩子拍摄出一张充满活力、真实自然的照片（如图 5-59）。

图 5-58　以俯拍的方式拍摄儿童

图 5-59　以儿童的视角拍摄儿童，更好地展现孩子的天性

　　为了给孩子拍出真实又美丽的照片，摄影者往往要想尽办法与孩子的视线保持水平一致，有的摄影者采用了半蹲、跪地、趴地等方法，有的甚至采用了更加高难度的姿势。尽管摄影者们已经非常辛苦，但孩子们未必会乖乖地站在那里等着别人拍自己，这个时候就需要摄影者的引导了。前文说过我们可以通过道具吸引孩子的注意力，还可以通过做一些动作来让孩子模仿。比如出去玩耍时，大人可以先行示范依靠在土坡上进行拍摄，然后询问孩子要不要也这样拍摄一张照片，大多数孩子都会选择模仿大人依靠在土坡上，此时摄影者就可以将这个场景拍摄下来了。

　　值得一提的是，摄影朋友们不必过度注重从正面对孩子进行拍摄。如果一直从正面拍摄，照片难免显得普通，缺乏新意。拍摄好的作品还是要着眼于孩子本身的真情实感和良好的状态，为了更好地突出这两点，摄影者应该不断寻找合适拍摄方位，将照片背后的故事和情感传递给观赏者，这样的照片才称得上优秀二字（如图 5-60）。

图 5-60　从侧面拍摄手持鲜花玩耍的小朋友

孩子的成长只有一次，每一刻都是不容错过的，无论是开心的时刻，还是羞涩的举止，甚至是调皮捣蛋的时候，都是家长珍贵的回忆，也是家长想要记录下来的时刻。比如孩子开心玩着玩具的时刻，或是调皮捣乱的时刻，拍摄记录下来，即便是多年后翻看，也能立刻感受到当时的幸福。

虽然孩子调皮捣蛋的时刻十分有趣，可是想捕捉孩子调皮捣蛋的瞬间也不是一件容易的事情，下面我们就来介绍几个拍摄孩子捣蛋瞬间的好方法。

1. 连拍。

有时候有趣的瞬间消失得太快，我们难以捕捉到精彩的画面，而且抓拍难度高，一不小心会让画面糊掉。连拍相对来说则是捕捉活泼小孩的首选方式，也能呈现出孩子自然的瞬间。连拍的方式很简单，只要一直按住拍照的按钮不放，手机就会自动开始连拍，而且拍摄出来的每一张照片都很清晰。我们可以从连续照片中选出能表现孩子真实情感的照片（如图 5-61）。

图 5-61　通过连拍功能能拍摄在海边奔跑的小男孩，更加自然地还原场景，
同时让画面动感十足

2. 自然。

孩子在调皮捣蛋的时候往往有着天马行空的想法，又活泼好动，只要是无伤大雅的行为，我们在拍摄的时候都不需要过多干预，也不用急于打断。孩子大多时候沉浸在玩闹中，不会配合看向镜头，这个时候一定不要纠结孩子的视线问题，也不用刻意让孩子望向镜头，让孩子沉浸在与人相处、互动或者玩耍中，这样我们在旁边拍摄时就不会拍出生硬或者不自然的照片了（如图 5-62 ）。

图 5-62　在绿色的自然背景前，小女孩手中紧握一串五颜六色的气球，眼睛看向一边，似乎在和朋友展示手中的气球，画面整体十分自然

3. 距离。

为了更好地记录孩子的点滴，在孩子玩闹时可以拍摄全身照片，表现出孩子和人物、道具、环境的互动。拍摄全身照时应上下左右多预留一些空间，以免拍出的照片给人造成压迫感。此外，还要清楚地知道自己这张照片想要的效果，拍摄时避免孩子身体的重要部分遗留在镜头之外（如图 5-63 ）。

图5-63 父子两人坐在台阶上拉钩，似乎悄悄约定了什么事情，在逆光环境下，
阳光洒落在父子两人身上，让画面更加和谐

4.道具。

为了更好地展现成片效果，我们甚至可以利用一些道具，毕竟爱玩才是孩子的天性，比如吹泡泡水。一张简单的照片足以充分体现孩子爱玩的天性，而让孩子自由发挥才是重要的一步（如图5-64）。

图5-64 通过仰拍的手法拍摄正在吹泡泡的小女孩，给人一种"让梦想起飞"的感觉

5.6.3　温馨时刻一定要拍下来

温馨两个字用语言表达会过于表面，不如用照片来记录那一刻。看到照片，我们马上就可以回想起拍摄当天发生的种种趣事或是囧事，仿佛记忆被带回到那一天、那个场景中。其实对于孩子而言，温馨的时刻不过是开心的时刻，而小孩子的开心时刻无外乎两点关键因素，一是和家人、朋友在一起相处时，二是和心爱的玩具、宠物玩耍的时候，这两个场景都是可以轻松创造的（如图 5-65）。

图 5-65　一群小伙伴们围在一起的合影

合适的拍摄场景是拍摄照片的基础，然而如果只是依靠场景氛围的渲染是远远不够的，我们还要考虑多个方面，打造既温馨自然，又质感十足的照片。下面几个小妙招，能够帮助摄影爱好者们在拍摄温馨时刻时发挥作用。

1. 光线自然。

光线在摄影中占据了重要位置，柔和的光线可以让主体更加清晰。不过由于闪光灯会分散孩子的注意力，还会损害孩子眼睛的健康，因此自然光是为孩子拍摄照片时的首选。在室外拍摄时，可以选择光线充足又不太刺眼的场景进行拍摄，比如树林、公园、廊下等。如果想要拍摄比较温暖的画面，可以选择在日出和日落这两个时间段进行拍摄。在室内拍摄时，可以选择光线良好的窗边，如果光线不够可以用日光灯补光，还可以使用白色的背景板反射光线到孩子身上，从而达到更好的采光效果（如图5-66）。

图5-66　在自然光的环境下，婴儿开心地玩耍，通过纯白色的背景衬托，
微笑着的婴儿仿佛降临人间的小天使

2. 背景简单。

在人像摄影中，背景的重要性无需多提。简单干净的背景能更加清晰、直观地展示孩子的特点，也能让照片产生更加浓郁的温馨氛围；而杂乱的背景会喧宾夺主，不能很好地凸显出人物之间的氛围（如图5-67）。

3. 多角度拍摄。

如果孩子比较害羞，不愿意正面面对镜头，那么我们可以通过侧面拍摄、背影拍摄等方式拍摄，总之就是要寻求孩子可以接受的角度（如图5-68）。

图 5-67　以常见的自然风景作为背景，画面中女孩依偎着大树，
仔细阅读手中的书，看起来十分恬静

图 5-68　小男孩以背影入镜，尽管看不到他的面部表情，但可以看出他努力擦拭玻璃的动作

4.动作自然。

无论是温馨感十足的全家福，还是单人照，动作自然都是非常重要的。尤其是拍一些看起来比较轻松的全家福时，拍摄对象可以不用"凹造型"，自由发挥就可以。给大人拍摄单人照时也可以很随性，比如让拍摄对象伸手遮阳光、抚摸头发、从侧面拍等，这种状态下拍摄的照片自然又舒服，给孩子拍摄照片也是同样的道理（如图5-69）。

图 5-69　在草地上，一群好朋友聚在一起玩"老鹰捉小鸡"，通过对
距离的把控，完美呈现了孩子们玩耍的状态，让画面充满童真

总之，就是孩子怎么开心就怎么拍，场景怎么真实就怎么来，不一定非要绞尽脑汁地"凹造型"，这样不仅宝宝不舒服，成片效果也不一定好。此外，在孩子吃东西、玩耍的时候我们也可以举起手机为他们拍摄一张照片。孩子吃东西时弄得满脸的食物、认真摆弄玩具的态度、和家长一起嬉闹、与宠物互动……这些都是珍贵的、也是家长们触手可及的素材。比如孩子为家人洗脚时，这样的场景不仅体现了孩子的孝顺与懂事，也是特别温馨的场景，非常具有纪念意义（如图5-70）。

图 5-70　孩子的手上满是番茄酱，但他还十分开心地笑着，似乎在向父母展示自己的"成果"

5.7　抓拍还可以这样拍

一些拍摄对象在面对镜头时，即便拍摄者细心引导，还是会十分紧张，以至于手足无措，成片效果也十分不自然。当遇到这种情况的时候，我们可以采用抓拍的方式来拍摄，使拍摄对象可以忘记镜头的存在，以更加自然的状态入镜。

5.7.1　行走、奔跑时抓拍

在使用手机进行户外拍摄人像时，如果拍摄对象一直非常紧张，且摆出的拍照姿势不够自然，我们可以让拍摄对象在原地走路或慢跑。通过这样的方式缓解拍摄

图 5-71　让拍摄对象处于不断移动的状态中，并在其状态良好时进行抓拍

对象紧张的心情，当拍摄对象逐渐忘记镜头的存在，动作和状态渐入佳境时，使用连拍功能进行抓拍即可（如图 5-71）。

5.7.2　这样抓拍，把"脂肪"藏起来

如果拍摄对象的身材属于微胖或偏胖，那么正面和背面拍出来的照片可能会显得有些臃肿，此时可以尝试其他角度进行拍摄。在选择合适的拍摄角度时，我们可以引导拍摄对象在原地慢慢转圈，从而找到合适的角度。通常情况下，面对微胖或偏胖的拍摄对象，选择侧面进行拍摄，可以使人物整体看起来比较纤细（如图 5-72、图 5-73）。

图 5-72 拍摄对象以背影入镜，显得体态有些丰腴，
整体效果不符合当下"以瘦为美"的审美观

图 5-73 拍摄对象以侧面入镜，看起来体态轻盈了许多，
整体效果较为符合当下"以瘦为美"的审美观

5.7.3 情景创设抓拍

　　在使用手机进行户外拍摄时，可以针对拍摄环境以及拍摄对象的服饰假想一个情景，也可以模仿影视作品中的经典场景，或者是生活中的普通场景。这样拍出来的照片富有故事性，还能较为直观地传达出拍摄对象当时的情绪，使照片增色许多（如图5-74）。

图5-74　拍摄对象身着传统汉服，拍摄环境也颇具古风，因此将情景设定为"古代的大家闺秀见到了心仪的男子"，拍摄对象用扇子遮挡面部，尽显小女儿的娇羞之态

第6章

来点创意，手机摄影也能别开生面

图6-1

　　一群河马在水中游走，远处是丛林，再远些可以看到山的轮廓，波光粼粼的河面上，河马的身影若隐若现，让人产生身临其境的感觉，添加了以河马为主的创意元素，让这幅手机摄影作品变得别开生面。

6.1 巧借道具，让画面更有趣

　　我国幅员辽阔，拥有许多秀美的山河风景，这些美丽的景色也深深吸引着摄影爱好者们。在外出旅行或游玩时，使用手机拍摄照片要比相机方便得多，单从设备的便捷性来说，相机不如手机。当然了，手机的功能虽然强大，但还是缺少相机的专业性。因此我们在使用手机拍摄风景时要掌握一些技巧，才不会拍出千篇一律的照片。

6.1.1 通过水中倒影拍出别样风情

　　相信摄影爱好者都知道光影的艺术，而水中的倒影就是很好的体现。正所谓"形影不离"，这句话也恰好体现了实景与水中倒影之间的关系。水能够呈现完美的对称视角，水中映着周围建筑的倒影，显得美轮美奂（如图6-2）。

图6-2　拍摄建筑的水中倒影，呈现完美的对称效果

　　在拍摄山水照时，拍摄水中的倒影也是摄影爱好者所追求的唯美画面。微风轻轻浮动水面，使水中的倒影变得更加抽象化，具有十足的美感。

　　在拍摄水中倒影时，光照和构图的重要性不言而喻。一般来说，拍摄水中倒影应该选择顺光或侧光，可以呈现倒影的轮廓和色彩，每天的日出和日落时分都是适合拍摄倒影的时间段。而关于构图，是选择对称还是不对称就要看个人爱好了，但一定不能脱离构图原则（如图 6-3、图 6-4）。

图 6-3　在傍晚时分拍摄山水及其倒影，天空与水面映照成一种颜色，恰好又被山体及其倒影所分割

图 6-4　小船在水面驶过，留下一行波浪，让平静的湖面活跃了起来

6.1.2 撒上水滴增加画面的灵动感

在拍摄景物的特写时，可以展现细节部分。但是直接拍摄景物的细节又会使画面看起来非常枯燥，比如拍摄花朵的局部特写时，容易使其丧失"水灵"的感觉（如图 6-5）。除了拍摄花朵外，在拍摄植物叶片、果实等元素时也有可能遇到这种情况。

图 6-5 花瓣上没有水滴，整体看起来比较枯燥，没有鲜花水灵的质感

这个时候我们可以在花瓣或叶片、果实上撒上几滴水，以此来"冒充"露水或雨水（如图 6-6、图 6-7）。尽管只是在植物上添加了几滴水，但瞬间就会让植物变成早上刚刚"睡醒"的样子，或是刚刚经历过雨水洗涤的样子，让花朵看起来更加娇艳欲滴，让叶片看起来更加翠绿，让果实看起来更加诱人。

图 6-6 植物叶片上的露珠，仿佛它刚从一夜的沉睡中醒来

图 6-7　雨后的核桃上挂着几滴雨水，让人一眼看出它刚刚经历了雨水的洗涤

6.1.3　加入昆虫元素，让画面更加有趣

"小荷才露尖尖角，早有蜻蜓立上头"这句诗可以说是很有画面感了，但这句诗让人产生画面感的关键并不是"小荷才露尖尖角"，而是"早有蜻蜓立上头"。可以说蜻蜓成了点睛之笔。在拍摄花草的照片时，昆虫同样可以作为点睛之笔。

如果只拍摄花草，虽然也很好看，但是看多了总觉得没有生气，就像是在温室培养的花朵，而不是大自然中成长的花朵（如图 6-8）。

图 6-8　单独拍摄花朵使画面缺乏生气

图 6-9　在桃花间采食花蜜的蜂鸟鹰蛾

为了给照片增加生气，我们可以加入昆虫作为点睛之笔。比如在拍摄的时候我们可以捕捉突然飞过的鸟类、昆虫等，就能瞬间提升画面整体质感（如图 6-9）。

除此之外，我们还可以抓拍正在采食花蜜的蜜蜂（如图 6-10）、落在枝头的蜻蜓（如图 6-11）等。在拍摄时一定要注意，要保持十足的耐心，轻轻地走过去，不要打扰到昆虫，因为这些昆虫比较敏感，稍有察觉就会飞走，必要时可以使用连拍拍摄。另外，还要注意安全，不要招惹马蜂等具有攻击性的昆虫，避免因此受伤。

图 6-10　在花间采食花蜜的蜜蜂

图 6-11　落在枝头的蜻蜓

6.2 为风景赋予层次感

大自然是神奇的造物主，能够创造出令人惊叹的作品。从某种意义上来说，我们在拍摄风景照时，其实只是"照搬"大自然的作品，但总有一些摄影爱好者能够在面对同一个拍摄对象时打造出不同的质感。这是因为他们能够根据情况变换拍摄的角度，让画面变得更有层次感且较为独特。

6.2.1 通过景致展现层次感

在进行手机摄影时，我们需要找到拍摄画面的前景、主体、背景。当照片中这三项要素齐全且明显时，这张照片就会具有强烈的层次感（如图6-12）。

图6-12 注重前景、主体、背景，拍摄层次分明的风景照

我们还可以通过增强或者减弱画面的主次元素来达到突出主体的目的，以此使照片获得层次感。简单来说，就是通过对天和地的明度、亮度的减弱，改变画面中各部分的反差，从而达到突出画面中间主体的效果。此外我们还可以利用光线的作

用，在拍摄时用顺光加上逆光、侧逆光等光线来展现被摄主体的轮廓，利用光线来强化透视感，让拍摄的画面形成不同的影调（如图 6-13）。

图 6-13　利用光线强化透视感，使画面形成不同影调，提升画面层次感

除了上述方式外，突出画面的纵深感也是提升画面层次感的方式之一。在拍摄主体上建立多个兴趣点，然后在这些兴趣点之间建立空间联系，塑造画面的纵深感。在实际拍摄中，我们可以利用自然景观做线性延伸（如图 6-14），让观者的视线随多个兴趣点移动，实现多层主体的层层递进，突出画面中的远近关系，体现画面层次感。

图 6-14　突出画面的纵深感

6.2.2 用剪影手法展现枝干的线条美

在拍摄树木时，我们可以选择逆光拍摄，做出剪影的效果。例如，我们在拍摄马路两边的树木时，可以自下向上进行拍摄，达到类似剪影的效果（如图 6-15）。

图 6-15　通过自下而上的方式拍摄剪影效果

在拍摄高度为一米五到三米的小乔木时，我们可以选择平行拍摄，也就是将手机放在距离地面一米五左右的位置，迎着太阳光进行拍摄（如图 6-16）。通常，我们可以选择早上或傍晚的太阳光线，因为此时的光线不会太过强烈导致曝光过强，能更好地展现剪影效果。

在拍摄比较大的乔木时，我们可以选择拍摄部分枝干或者树冠。比如在太阳刚刚落山，天空仍有余亮时，站在大乔木下将手机举起来进行拍摄，可以将附近的建筑一起拍摄下来，形成剪影的对比（如图 6-17）。在拍摄时手机可以与地面之间垂直，也可以形成 30° 左右的夹角，具体角度要根据需要拍摄的主体来决定。

图 6-16　迎着阳光拍摄小乔木的剪影效果

图 6-17　拍摄大乔木的剪影效果

6.2.3　用局部入镜展现形式美

在拍摄树木时，为了展现树木的形式美，我们可以选择让其局部入镜。例如拍摄早春含苞待放的玉兰花时，我们可以采用自下而上的仰拍法，背对阳光进行拍摄，并将焦距调成微距，只展现一根或几根树枝上尚未开放的花苞，并与天空形成对比，以此展现照片中主体的生命力（如图6-18）。

在拍摄树木的局部时，我们还可以将太阳拍摄下来，也就是直面阳光进行拍摄，力求突出阳光与植物发芽、生长的关系（如图6-19）。拍摄这类照片时要注意曝光问题，避免产生虚焦、曝光过度等问题。

图6-18　背对阳光拍摄玉兰花的花苞，展现其生命力　　　图6-19　正对阳光拍摄植物，突出阳光与植物发芽、生长的关系

6.2.4　借助自然界的云雾形成层次

无论是在城市中还是在郊外，抑或是山野间，雾都是很常见的现象。当我们身处大山中，山体在雾色的笼罩下显得层次分明，若隐若现，为风景添加了神秘而静

谧的感觉。在使用手机拍摄山水时，我们完全可以利用云雾营造一种"仙境"般的感觉，表达山水特有的神韵。

那么，我们在拍摄山水中的云雾时，应该注意哪些方面呢？

1. 时机。

在利用云雾拍摄山水时，一定要把握合适的时机。当我们遇上浅淡的薄雾时，会有比较好的空气透视感，此时如果改变拍摄的角度，在拍摄画面中加入云朵，就会产生比较好的视觉效果（如图 6-20）。由于雾有较强的遮蔽作用，雾海会产生虚幻、神秘的感觉，给人很好的视觉体验，此时可以抓住机会进行拍摄。此外，如果拍摄当天有风，雾还会呈现动态，这时候就是合适的拍摄时机，可以拍出云雾缭绕的仙境。

图 6-20　与云彩结合拍摄山体，使画面中云雾缭绕

2. 构图。

拍摄山水必须掌握一定的构图技巧，随手一拍往往达不到效果。这是由于拍摄云雾时会给人虚无缥缈的感觉，物体的形态以及色彩就很难直接表达出来，此时在构图上就应该尽量要做到前景、中景、远景分明。但是，由于在云雾中拍摄山水时远景和中景能够体现的细节比较差，所以近景往往应该是我们的视觉焦点，应该选

取有轮廓、色调明暗对比明显的景物作为前景。一般合适的前景与中景包括山、树、水、云海等，远景通常就是天空、云朵等。同时，光圈设置一定不要过小，要使用景深预测来控制景深（如图6-21）。

图6-21 构图分明，体现画面细节

3. 曝光补偿。

在有雾的状态下拍摄山水时，因为画面中大多是浅灰调和白色，这时手机会出现曝光的问题，自动测光就会采用十八度灰，导致画面比较昏暗。所以在使用手机拍摄云雾山水时一般需要增加曝光补偿，通常选择"+0.5"就可以了，如果画面过于暗淡，也可以将曝光补偿调节至更高。除此之外，还可以采用侧光、逆光来进行拍摄，这样有利于表现画面透视感和层次感，通过明暗对比增强画面的纵深感和变幻莫测的感觉（如图6-22）。

4. 白平衡。

在早上或者傍晚进行拍摄时，画面的色调会比较统一，这时可以通过调整白平衡，得到冷色调和暖色调的效果。例如，在傍晚夕阳西下时，使用"阴影"白平衡可以让画面看起来不会那么冷清，会变得比较暖（如图6-23）。

图 6-22　侧光拍摄，提升画面层次感

图 6-23　白平衡模式设置，使画面整体色调偏暖

5.虚实结合。

在出现浓雾时，山水里面的景物看起来比较暗，虽然会掩盖许多杂乱的背景，但同时也会使画面看起来比较闷。所以在实际的拍摄中，要将景色和雾虚实结合，使画面看起来像是人间仙境一般，让人捉摸不透景色到底是否真实存在（如图6-24）。

图6-24　在云雾的映照下，远处的群山只剩下了轮廓，仿佛存在，又仿佛并不存在

6.3　背景的繁与简

对于一张照片来说，只有主体是远远不够的，想要让主体更加出彩，还需要用一个合适的背景来衬托主体，所以在对图片背景的选择上就显得尤为重要。从直观的视觉感受层面进行分析，背景又被统分为繁杂与简洁。就像我们经常所提到的极简构图、照片留白都是对背景进行了极简处理。而在一些风景、山水上，背景往往会比较繁杂，强化画面整体的视觉冲击力。换句话说，背景的繁与简要视画面整体而定。

树是我们生活当中经常会遇到的，树枝给人呈现错综复杂的感觉，如果再配上杂乱的背景，就会让观者产生凌乱的感受，更加无法突出树木这个主体（如图6-25）。因此我们在拍摄树木时要注意选取背景的基本原则，也就是要以突出主体为首要条件。

图 6-25　杂乱的背景无法突出主体

拍摄树木时选择一个纯粹的背景，使得主体和背景的对比更加清晰，能够有效地表现出所拍摄画面的意义。比如我们可以选择深色的背景，与树木形成明与暗的反差，突出树干、树叶的线条美，进而利用深色背景的神秘感来突出主体。再比如我们可以选择天空作为背景，自下向上拍摄，往往可拍出树木奇异的造型（如图6-26）。

在实际拍摄时，如果我们想要表达的元素比较多，无法找到纯粹的背景，可以尝试拍摄局部。比如拍摄树木的枝桠，可通过拍摄树木的枝桠与叶片和建筑相呼应，以及通过背景的天空来突出主体，往往会达到纯化背景的效果（如图6-27）。

图 6-26　以天空为背景，自下而上拍摄树木，
凸显树木笔直的躯干

图 6-27 拍摄树木的枝桠与叶片，与建筑和
天空相呼应，起到简化背景的作用

图 6-28 看起来杂乱无章的花

图 6-29 选择花开茂密的枝桠进行拍摄，
避免其他元素掺杂其中，让画面中只有花朵、
叶片及其枝干

花花草草是大自然中漂亮的点缀，如何将常见的甚至是看起来平平无奇的花草拍出质感，这就需要考验一个摄影者的基本功了。现在人们对于环境越来越重视，街道上也种满了各种各样的花草，也有越来越多的大型花海供人参观。花海无疑是美丽的，也能带给人壮观的感受，但是想用镜头保存下来却有些困难。在拍摄花海时，如果拍摄不好，很容易让人产生"乱七八糟"的视觉体验（如图 6-28）。

为了避免杂乱无章的效果，我们可以选择花开得比较茂密的地方进行拍摄，减少其他元素的加入，让画面中只有花朵和叶片存在。或者以天空为背景进行平拍或仰拍，避免裸露的土地、杂草等元素出现在画面中。

想要充分展现花朵，我们还可以将手机放在距离花朵五厘米左右的位置，选择其中一朵花作为聚焦点，手机会自动对其进行聚焦。在拍摄时，尽可能地避免画面当中出现多个主体（如图 6-29、图 6-30）。

比如拍摄草地中的蒲公英，我们可以将手机放到距离蒲公英五厘米的位置，对焦在蒲公英所处的位置，然后进行拍摄即可（如图 6-31）。这样拍出来的蒲公英细节明显，连它有多少个"降落伞"都能数清楚。

想要充分展示所拍摄的对象，还可以对背景进行虚化处理，利用背景虚化产生的模糊效果使背景变得简单。比如我们可以选择建筑物的一角、一朵花作

图 6-30 定焦在梨树的某个枝桠上，
只展现该枝桠上的花朵

为聚焦点，通过手机相机的自动对焦功
能聚焦到拍摄对象上，当出现拍摄对象
清晰、背景模糊的情况时即为对焦成
功，此时可以按下快门。

　　在将花朵作为对焦点时，花朵的
整体部分会变得非常清晰，而背景则进
行模糊处理，画面整体较为饱满（如图

图 6-31 定焦到蒲公英上进行拍摄，
强化画面细节

6-32）。需要注意的是，在拍摄花海时，植物分布较为集中，因此画面主体的颜色和背
景颜色可能会比较接近，在凸显主体的效果上并不是很好。基于上述原因，我们在拍
摄花朵时，可以将天空作为背景进行拍摄，通过鲜明的色彩对比来突出主体部分。

图 6-32 聚焦到花朵上，使背景虚化，从而突出花朵的特性

6.4　色彩渲染传达画面情感

不同的色彩会给人带来不同的感受，而且色彩的饱和度、亮度、色彩面积、色彩位置等都会带给人不同的视觉体验。

很多人喜欢去海边，因为站在海边看着大海的颜色，可以感受到一种波澜壮阔的感觉，在沙滩上晒太阳或玩耍时也会有种快乐的感觉。而很多人不喜欢阴雨天，因为阴雨天不仅空气变得潮湿，灰暗的天空也会让人产生烦躁、压抑的感觉。

色彩改变不仅仅给了我们主观上的认识，其实也在客观上传递了一些情感，这些情感在照片中也有所体现。

6.4.1　主色调奠定基础

在同样的环境下，面对同样的拍摄对象，有些人拍出来的照片看起来干净整洁，主题明确，而有些人拍出来的照片则看起来杂乱无章，甚至毫无美感。

这是为什么呢？

当然不是设备的差距，关键在于后者并没有抓住主色调这一关键点。举个例子，一对双胞胎女孩站在你面前，一个穿着一袭淡蓝色的长裙，头上没有任何发饰，只是简单扎着马尾，身上也没有其他装饰品，脚上踩着一双白色的高跟鞋；而另一个穿着玫红色的衬衣，淡紫色的短裙，头上戴着蓝色的发卡，耳朵上戴着绿色的耳环，脖子上挂着一条明晃晃的金项链，脚上穿着一双银色的鞋子，脚踝处露出了粉色的袜子……

相信任何人看到这一幕都会觉得第一个女孩子比较漂亮。这是因为第一个女孩子的穿着更注重于色彩搭配，而第二个女孩子为了凸显个性，将自己认为好看的东西全部叠加在一起，反而让人眼花缭乱。由此可见，色彩搭配对于视觉效果的影响是非常显著的。

拍摄照片也是同样的道理，每一张照片都应该有自己的主色调。主色调通常是指画面想要表达的中心点。简单来说，一张照片中若是大部分都是某一色调，那么这种色调就是这张照片的主色调。比如在夏季拍摄一棵乌桕树，画面上全部都是绿色的树叶，绿色便是这张照片的主色调（如图6-33）。

图 6-33　在夏季拍摄乌桕树，以绿色作为照片的主色调

　　主色调也可以说是背景色，能代表画面整体环境所突出的氛围，使之交相呼应，从而产生共鸣。如果画面色彩太过杂乱，使画面的主色调不明确，即便画面颜色非常丰富，也只能给人一种眼花缭乱的感觉，让人无法欣赏画面中的主体。

　　例如，在秋季拍摄已经变成黄色的银杏叶，为了突出秋天的氛围，可以从下向上进行仰拍，使画面中银杏叶占据大面积比例，尽量不要出现绿色的植物（如图 6-34）。这样拍出来的照片中银杏叶占据了主导位置，自然而然也就凸显出秋天的感觉。

图 6-34　在秋天拍摄银杏树，以黄色作为主色调

图6-35 通过叶片变成黄色，感受到当前是秋季

前文我们说到不同的色彩会给人带来不同的感受，因此我们可以用景物主色调渲染情绪。当某种颜色成为照片的主色调时，看过照片的人就会被其带入到特定的情绪中，蓝色可以给人开阔、寒冷的感觉，黄色可以给人耀眼、温暖的感觉，白色可以给人宁静、温馨的感觉，黑色可以给人压抑、孤寂的感觉……掌握了这些，再结合自己想要通过照片表达的情感，就可以拍出满意的效果（如图6-35、图6-36）。

图6-36 土黄色的山体给人以厚重的感觉，以白色为主的山顶给人以阴冷的感觉

例如，在拍摄大海时，为了凸显大海的宽阔，传达出大海波澜壮阔的感觉，我们可以将画面比例调整，让天空占据2/3的画面，而余下的1/3用大海填充（如图6-37）。这样可以在照片中形成海天一线的感觉，同时也不影响照片的整体色调。

图 6-37　拍摄大海时，大海与
天空的占比为 1 ∶ 2，凸显大海
的辽阔

为了拍摄色泽更加饱满的图片，我们还要学会合理安排各种颜色的面积、形态、位置、色相、饱和度、亮度等，通过色彩渲染传达想要表达的情感。

例如，在夏天的午后拍摄晴朗的天空（如图 6-38），蓝色自然而然就是这张照片的主色调，但是只有蓝色的天空也未免单调，恰好飘着的几朵白云填补了空白，画面中的草地、草垛、山丘等元素也为照片增色不少。白云、草地、草垛、山丘等元素在这张照片中属于"陪衬"，它们占据的位置和面积并不需要太大，否则会起到喧宾夺主的效果。

图 6-38　夏季午后晴朗的天空，
点缀着白云

除了拍摄天空，在拍摄风景时同样需要考虑色调问题，因为色调奠定了照片的基础。例如，在夏季拍摄河边的景致，想要突出河边"碧玉妆成一树高，万条垂下绿丝绦"的感觉，可以拍摄一张主色调为绿色的照片。此时应该在柳树下取景，在镜头前呈现随风摆动的柳条（如图6-39），以此来突出柳条的颜色。

图 6-39 在柳树下取景，并将水面倒影填充到画面中，以此突出柳树的颜色

6.4.2 对比色形成视觉冲击力

对比色的专业定义是24色相环上距离达到120°到180°的两种颜色，也有人将其称为互补色。

简单来说，对比色就是可以明显区分的两种颜色。熟练运用对比色，可以使照片呈现完美的色彩效果，同时也能赋予照片更强的表现力。对比色在表现形式上具有同时对比和相继对比两种，例如黄色与蓝色、紫色与绿色、红色与靛青，再比如深色与浅色、冷色和暖色、亮色和暗色。值得一提的是，所有的颜色与黑、白、灰都是对比色。

在手机摄影中，对比色的运用也是非常重要的一部分，可以使成片带给人更加强烈的视觉冲击力（如图6-40）。当然，在运用对比色拍摄的时候还是要注意主色调的问题，尽量选择两个色彩鲜明的颜色形成对比。如果想要点缀画面，也可以挑选合适的颜色作为辅助色，但一定要注意颜色的选择和使用幅度，避免喧宾夺主。

比如在拍摄照片时，可以选择和背景颜色形成鲜明对比的衣服，而且可以在衣服上选择一些色彩并不出众的配饰，还可以借助花束等道具进行色彩点缀（如图6-41）。在这张照片选择黄色作为背景色，拍摄对象的服饰颜色以米白色为主，红色为辅，在保持主色调的基础上，将人物凸显出来。其手中握着的鲜花起到了点睛之笔的作用，绿色的枝干与背景成对比，而黄色的花朵则与背景相呼应，有效平衡了画面的色彩，保障了整体的视觉效果。

图 6-40　红花与绿叶之间的色彩对比

在拍摄植物时，也要注重对比色。黄色的花朵与绿色的叶子形成鲜明的对比，可以更加突出花朵的娇嫩。即便花瓣落到地上，也仍然可以通过与草地的对比突出花瓣的颜色（如图6-42）。

在拍摄建筑，尤其是一些浅色的建筑时，更需要运用到对比色。比如拍摄海边白色的灯塔，在阴天拍摄时，由于天空的颜色是阴沉沉的，无法凸显出灯塔的洁白，灯塔上的细节也都无法呈现，而且整个画面看起来都死气沉沉的。

图 6-41　以黄色为背景，人物服饰颜色整体较浅，通过鲜花作为点缀，既突出人物，又不影响整体色彩搭配

图 6-42　花瓣与草地对比，突出显示花瓣颜色的鲜艳

而在晴天，尤其是天空蔚蓝时拍摄同一个灯塔，由于湛蓝的天空与洁白的灯塔形成了鲜明对比，不但可以让人感受到灯塔的洁白，许多细节地方也被呈现出来，而且照片带给观者的是舒爽、欢快的感觉（如图6-43）。

图 6-43 晴天时灯塔与蓝天形成鲜明对比，且强化了画面细节效果

6.4.3 相邻色让画面更和谐

相邻色是指 24 色相环上距离较近的颜色。简单来说就是颜色相近，但比较容易分辨，且搭配在一起时不会显得突兀，能够使画面整体比较协调的颜色。比如红色与橙色、橙色与黄色、黄色与绿色、蓝色与紫色等。

在大自然中，很多植物的颜色都是不同的，但是把它们搭配在一起却不会让人感觉眼花缭乱，这是因为它们大多是由相邻色组成的。比如秋季公园的角落里种植着拥有红色和橙色叶片的鸡爪槭、部分叶片已经发黄的悬铃木和鸢尾、常年保持翠绿的松树和冬青，尽管可以说是多种颜色的杂糅，却做到了恰到好处，丝毫没有一棵植物显得格格不入。

这些植物之所以能够实现多种颜色的"和平相处"，是因为其中的红色和橙色、橙色和黄色、黄色和绿色都是相邻色，并形成了很好的过渡。这也是我们在使用手机摄影时需要注意的一点（如图 6-44）。

6.4.4 黑与白的经典搭配

事实上，"黑白配"应该是黑、白、灰三种颜色。尽管人人都不可否认彩色世界

图 6-44 相邻色的运用使画面更加和谐

的美好，彩色照片也确实能更好地将美好的景致留存下来，但在很多人心中"黑白配"仍有着彩色照片不可取代的魅力（如图 6-45、图 6-46）。

图 6-45 黑白配色摄影的成片效果

图 6-46　黑白配色的照片让画面变得更加整洁

很多人钟情于黑白配色不仅仅是因为深受我国传统山水画的影响，而是因为黑白配色可以让画面无限、纯粹地延伸下去，让所有关注者都只会关注画面的核心部分，也就是作者想要表达的部分。

使用黑白配色可以说是在为画面做"减法"，减去不必要的色彩，减去不必要的细枝末节，将作者想要表达的信息直观地呈现出来。而且在拍摄黑白配色的照片时，只要合理利用光线造成的阴影、物体的质感、物体的形状、建筑或投影的线条，就能够让拍摄的画面更具视觉冲击力和感染力，这种效果有时候是彩色照片无法企及的。

在使用手机拍摄黑白配色的照片时，我们需要掌握以下几个技巧：

1. 形成反差。黑白配色的照片同样需要色彩的反差，对比度会对整个画面效果产生很大的影响。

2. 注意光源。光的线条、纹理、形状等都是影响拍摄效果的因素，把握好场景中的线条、纹理和形状，才能够使照片抓住观众的眼睛。

3. 寻找轮廓和图案。轮廓与图案是黑白配色照片的精髓，照片的整体意境都需要靠其实现，因此在拍摄时需要时刻留意构图中的纹理和图案是否突出。

4. 拍摄剪影。剪影也就是拍摄对象的轮廓，利用黑白配色定格拍摄对象的剪影，可以形成独特质感和反差。

5. 简化画面。在拍摄人像时可以采用简洁的穿搭和背景相配合，让照片富有时尚艺术感。

对于钟爱黑白配色的人而言，任何场景都适合用黑白配色定格，下面我们简单介绍几种常见场景下黑白配色的应用。

适用于黑白配色的拍摄元素包括以下几种：

1. 植物。

使用黑白配色拍摄植物有一种独特的沧桑感，尤其是拍摄芦苇、狗尾草、柳树等植物以及一些观叶植物时，但是不太适合应用于正在盛开的花朵上，一来无法展现花朵的娇艳，二来盛开的花朵与沧桑感无法结合到一起（如图 6-47）。

图 6-47　使用黑白配色拍摄植物的成片效果

2. 建筑。

使用黑白配色拍摄建筑仿佛穿越回到了一百年前，有种独特的韵味，但是在拍摄高楼时不太适合用黑白配色，这样无法凸显高楼的质感，也会让照片丧失"穿越感"（如图 6-48）。

图 6-48　使用黑白配色拍摄建筑的成片效果

3. 山水。

在摄影时，尤其是拍摄山水照时，我们也可以使用手机摄影中的黑白画风来营造水墨画氛围，通过墨色深浅的调和以及黑与白的强烈对比，拍摄出优美的"水墨画山水照"（如图 6-49）。

图 6-49　使用黑白配色拍摄山水的成片效果

使用手机拍摄水墨画山水照，需要尽量选择一些比较优美、宁静的风景作为拍摄场景，让画面背景色看起来尽可能简单。比如一片湖水或者一座绵延不绝的山，把握好画面的层次感和意境，只有这样才能营造出中国山水画静谧而含蓄的意境（如图 6-50）。

图 6-50　选择人少的风景进行拍摄，避免多余的元素加入画面中

4. 古董。

这里所说的"古董"并不是真的古董，而是看上去有年代感的事物，比如蒸汽火车、马车、烟斗、磨盘等。在拍摄这些具有年代感的物件时，通过黑白配色可以完美呈现其复古风（如图 6-51）。

图 6-51　使用黑白配色拍摄"古董"火车的成片效果

6.4.5　小清新风格一步到位

"小清新"可以说是这些年新兴起的一种摄影流派，追求自然，与浓妆艳抹截然相反。在小清新风格的摄影作品中，人物、风景等内容都回归于自然，脱离了大城市的喧嚣与世俗的禁锢，尽可能地展示了拍摄对象的原始状态（如图 6-52）。

那么，在使用手机进行人像拍摄时，如何才能一步到位拍摄出小清新风格的照片呢？下面我们就来讲解一下拍摄小清新风格照片时要注意哪些情况。

图 6-52　小清新风格照片的成片效果

1.尽量避免滤镜。

很多手机的相机中都自带滤镜，在一定程度上可以起到美化图片的作用，但是对于原本就属于小清新风格的照片来说，滤镜就显得有些画蛇添足了。添加了滤镜后不仅影响后期创作，还会破坏原有的光度和饱和度，有的还会导致色彩失真，没办法呈现出拍摄对象原本小清新的质感。

比如在拍摄路边的花草时，可以看到添加滤镜前（如图 6-53）图片非常真实，花朵和叶片的颜色都与实际颜色接近，阳光错落有致地洒在花丛里。而添加了滤镜后（如图 6-54），颜色变得不自然，整体色调偏冷、偏硬，画面也很阴暗，根本无法凸显小清新的感觉。

2.拍摄背景的选择。

拍摄背景很大程度上决定了成片整体风格的走向，选择干净、整洁的背景，是拍摄一张优质照片的第一步。

简单来讲，选择适合小清新风格摄像的背景需要注意三点要素——简约、唯美和文艺。我们可以试着想象一下，在春日阳光正好的午后，微风徐徐，一个人站在满园花色的环境中，不论摄影者的拍摄技术如何，在这样的场景中就已经充满了小清新的感觉。可若是在冬季阴沉沉的天空下伴随着凛冽的寒风进行拍摄，则无论如

图6-53　拍摄草丛添加滤镜前色彩真实，
画面质感饱满

图6-54　拍摄草丛添加滤镜后色彩失真，
画面色调偏冷，整体效果不好

何也无法和小清新这三个字联系到一起。

在使用手机拍摄小清新的照片时，也要注意人物的站位，不要让风景占据主导地位。比如以花海为背景拍摄时，人物站在或蹲在花海里（根据花的高度决定），将手机横放，并设置背景虚化，拍摄出来的照片更加凸显人物的表情和肢体（如图6-55）。在拍摄时可以让人物微微抬头，仿佛闻着花香；或者拿起一朵花轻嗅，以此作为点缀。

除了花海，天空也是不错的背景。我们可以以蔚蓝的天空为背景，零星的白云做点缀，同时也不会抢走人物的主导地位。人物站在手机镜头中间，向下看着镜头，在蓝天的映衬下人物会显得格外清新。在使用蓝天做背景时，还可以让拍摄对象手中拿着花朵等物品，对画面进行点缀。

图 6-55　在花丛中拍摄小清新风格的人像照片

第7章
用手机留存点滴细节

图 7-1

　　在茂密的枝桠中，一只鸟儿站在其中，翠绿的叶片、灰白的树枝、黑色的鸟儿……这三种事物的组合形成了对比，给人以视觉享受。其实，生活的细节里到处掺杂着这样的画面，却很少有人去用心观察，但好在可以通过手机将画面留存下来。

7.1　天气在变，拍摄方式也在变

"欲把西湖比西子，淡妆浓抹总相宜。"这句话的意思是如果把西湖比作西施，那么雨天的西湖就像是淡妆的西施，晴天的西湖就像是浓妆的西施，无论是哪种妆扮都是好看的。这句话从侧面说明了风景的秀丽与否不受天气的影响。

在摄影领域这句话同样奏效，想要做一名手机摄影达人，拍出的照片应该不受天气的影响，无论在什么天气下都能够拍出优质的照片。当然，这还需要摄影者掌握面对不同天气随机应变的技巧。

7.1.1　阴天时这样拍

对于许多人来说，阴天灰蒙蒙的天气是非常压抑的，没有晴天那样让人舒心。但是对于摄影爱好者而言，千万不能忽视阴天为摄影带来的巨大便利。要知道，有不少优秀的摄影作品都是在阴天进行拍摄的。

在阴天进行拍摄时，选择场景是拍摄的第一步，也是很重要的一步。如果选择的拍摄对象是建筑物或者是人口密集的场所，成片效果就会显得压抑（如图 7-2）；

图 7-2　阴天时拍摄建筑，画面整体显得比较压抑

图 7-3 阴天拍摄空旷的野外缓解压抑感

如果选择的拍摄对象是较为空旷的场所（如图 7-3），比如操场、天空、马路等，压抑感就会削减很多。这是因为建筑物，尤其是较高的建筑物本来就会给人一种压迫感，阴天的作用下会增加这种压抑的效果，而相对开阔的场所本身就有释放压力的作用，即便是阴天会产生压迫感，也能被开阔的场所化解。

阴天时，光线相对而言不够充足，因此在拍摄风景照时总给人色彩不够明亮的感觉。但是阴天拍摄也有其优势之处，那就是阴天的天空会成为巨大的柔光板，光线会变得更柔和，细节方面比较容易把控，只要处理得当，对于摄影颇有助益。

图 7-4 阴天拍摄色彩亮度差异大的
景色，增强画面细节

那么，我们应该如何处理阴天的光线呢？其实很简单，阴天拍出的照片色调偏冷，我们可以通过调整白平衡来改变画面效果，也可以拍射色彩亮度差异较大的风景（如图 7-4）。同时，为了画面细节的丰富，尽量减少对天空光线的抓取。

在阴天处理画面时，我们还可以尝试半剪影的方式。比如拍摄植物，我们可以使用自下而上的仰拍方式将植物的剪影拍摄下来（如图 7-5）。在后期处理中可以把背景颜色提亮，调高植物整体的饱和度，同时也略微增加曝光度来进行明暗校正，这样画面的色彩变化就很明显了。通过调整整体亮度与饱和度,不仅使画面的细节也得到了保留,而且通过色彩的差异制造了对比效果。

在阴天进行拍摄时,我们还可以选用适合的滤镜,使拍摄的成片能够达到目标效果。当然,具体滤镜的选择需要根据手机型号及个人爱好来选择。如果在阴天拍摄时发现手机拍出来的照片

图 7-5　阴天拍摄植物的半剪影效果,
强化色彩对比,保留画面细节

发虚,这可能是因为拍摄时手部抖动造成的,而且由于阴天光线减弱,发虚的现象就会变得更加明显,因此在阴天使用手机拍照时一定要保持平稳。

7.1.2　晴天时这样拍

相信很多人都喜欢阳光明媚的大晴天,因为在晴天不仅天空会变成让人放松的蓝色,空气也变得清新了许多,人的心情自然也会轻松愉悦。我们都知道充足的光线对于摄影的重要性,尽管在晴天拍摄照片时不用担心补光的问题,甚至只要选取好角度与构图,即使没有经过后期调整也能得到很出彩的作品,但还是有一些细节需要我们注意。

拍摄时可以选择上午十点左右的阳光,因为这个时候太阳不会太过耀眼,找准位置后将手机摄像头正对太阳,然后拍摄即可(如图7-6)。也可以在傍晚时分拍摄夕阳余晖(如图7-7),天空在夕阳的映照下变成了暖洋洋的橘红色,让人感觉十分温暖。拍摄晚霞时需要注意曝光,避免色彩失真。

图 7-6　晴天拍摄照片的成片效果

图 7-7　晴天的傍晚拍摄阳光，天空被夕阳染成了橘红色

　　在晴朗的天空，白云也是很好的拍摄对象（如图 7-8）。蔚蓝的天空映照着纯白的云朵，两种色彩会形成鲜明的对比，具有强烈的视觉冲击效果。

图 7-8　一望无际的原野上，蓝天与云朵形成对比

我们还可以在晴天到宽广的马路上进行拍摄，让蓝天与马路形成对比，或是让马路与周围的景色形成对比（如图7-9）。摄影时要注意光线的运用，光线过强会影响画面整体质感，包括色彩对比、饱和度、明度等都会变得很不理想，而适当背对太阳可以使成片色泽艳丽、整体通透。

图 7-9　在晴天时，马路与附近植物形成的对比效果

在晴天拍摄蓝天与建筑的对比也未尝不是一种好方法（如图7-10）。首先我们需要选择合适的位置，然后进行仰拍，拍摄时要注意画面留白，让天空占据1/3的位置。可以看到画面中的建筑在阳光的照耀下变成了黑色的剪影，与天空形成了鲜明的对比。

图 7-10　在晴天拍摄建筑，使其形成剪影效果

7.1.3　雨天时这样拍

雨天是一个很容易带动人们情绪的天气，可以呈现出人们与平常生活中不同的状态。在下雨天拍照时，光线会显得比较暗淡，拍出来的照片往往会给人灰暗、低沉的感受。摄影者想要在雨天拍出优质的照片，就要掌握一定的雨天拍摄技巧。

雨天最重要的元素无疑是雨滴，想拍摄优质的雨滴效果，需要注意三点，分别是拍摄场景、快门速度、画面对焦。

不同场景下的雨景风格大不相同，比如拍摄屋檐下掉落的雨滴，画面整体古香古色，给人一种安静祥和的感觉（如图7-11）。拍摄时我们还可以通过逆光拍摄、明暗对比等方式来突出雨滴，将暗元素作为背景，使雨滴看起来更加通透。

拍摄雨滴需要较高的快门速度，否则画面会变成"水帘"。通常情况下，快门速度在1/100秒左右可以拍出雨水"拉丝"的效果，快门速度在1/500秒以上就能够拍

图 7-11　以古式建筑和绿植为背景拍摄雨滴，
给人一种安静祥和的感觉

出清晰的雨滴。当然，这并不是说快门速度越快拍摄的雨滴效果就越好，在拍摄时需要根据现场的光线环境来决定快门速度。如果光线环境较暗，可以将快门速度调节至 1/500 秒到 1/1000 秒之间，如果光线环境较亮，可以将快门速度调节至 1/1000 秒到 1/12000 秒之间。

画面对焦也是拍摄雨滴的关键因素，手机相机的自动对焦会受天气影响，难以对焦到雨滴上，因此需要通过手动对焦来拍摄。在对焦时，选择雨滴即将落下的位置，即可使画面清晰聚焦。

在下雨天，手机摄影初学者可能无法准确捕捉运动状态的雨滴，这时可以将"静止的雨"作为拍摄对象。所谓静止的雨，就是落在车窗玻璃上或是雨伞上的雨珠。透过玻璃拍摄雨滴可以说是雨天拍摄常见的方式，拍摄的照片可以给人营造一种安静、闲适的气氛。而且玻璃的材质是不受任何限制的，可以是上下班乘坐的公交车的车窗，也可以是常去的奶茶店的落地窗，还可以是办公室休闲区的玻璃窗（如图 7-12）。

利用玻璃窗拍摄雨滴的方式为，打开手机相机后打开网格线，对室外进行拍摄。如果是利用公交车的车窗进行拍摄，可以将马路上来往的车辆与车窗上的水珠相结合，将来往车辆放在网格线下方，调整合适的光线亮度，并注意照片的曝光，然后进行拍摄。如果公交车比较晃动，可以进行连拍，从中选择质量比较好的照片。在公交车上拍摄时，还可以利用来往车辆的红色尾灯、黄色照明灯和地上的反光等元素，与雨滴混合成不同的景象。这种情况下拍摄出来的照片，窗外部分都是模糊的，而窗户上的雨滴则是清晰的，能够营造出一种独属于雨天的朦胧感（如图 7-13）。

下雨天光线虽然比较暗，

图 7-12　在办公室拍摄玻璃窗上静止的雨点

图 7-13　在汽车内拍摄窗户上静止的雨滴

但胜在光线分布均匀，可以同时保留亮部与暗部的细节，色彩也能很好展现出来。在雨水冲刷后，环境中的各种杂质会被清除干净，空气中的尘土也大大减少。因此，在下雨天拍摄行人和植物也会有另一番景象。在拍摄时我们可以打开手机相机的 HDR 模式，将拍摄对象放到手机的中心位置，多次点击聚焦框，将要拍摄的人物或者植物进行多次聚焦，直到拍摄出满意的照片为止（如图 7-14）。

图 7-14　拍摄对象单手撑伞，将右手伸向伞外，想要接住落下的雨滴，
这样的动作再加上雨天独有的朦胧感，让画面显得十分唯美

图 7-15　选择附近有水洼的建筑，将建筑本体和
水面倒影一同收入画面中，有种虚实结合的意味

下雨时路面会出现很多小水洼，这也是我们可以好好利用的元素。地面积水形成的小水洼是雨天的特殊美景，原本凹凸不平的地面会因为形成积水变成一面可以反光的"镜子"。我们可以在雨中撑着伞并拿出手机，将手机的亮度调高从上往下拍摄水洼中自己的倒影；也可以利用水洼拍摄建筑的倒影。

在拍摄建筑时，我们要先选择一个较大、干净的水洼，正对水洼对面的建筑蹲下，将手机倒着拿，并打开手机相机的专业模式，调整位置将建筑与水中的倒影融为一体，然后进行拍摄（如图 7-15）。

我们还可以利用水洼进行夜拍。在雨中打开手机，然后将手机对准路面上的水洼，拍摄路灯的倒影。如果摄像头上沾上了几滴雨也不要紧，可以在拍摄路灯时产生独特的光斑（如图 7-16）。

图 7-16　雨滴落在水洼中，泛起点点涟漪，附近路灯
的灯光经由水洼反射，使水洼一侧变成了暖黄色

7.1.4　雪天时这样拍

进入冬季后万物凋零，到处都是一片萧瑟的景象，大地没有了春季万物复苏的萌芽绿，更没有夏季万花绽放的绚丽，但是冬天却有着自己独特的景致——雪景。

对于摄影爱好者而言，拍摄雪景是一件不容错过的事情。比如在雪地里走一圈留下的一排脚印、雪地里掉落的一片枯叶、停留在雪地上的动物、楼下孩子堆起的雪人……这些都是在其他季节看不到的。

然而，一片白茫茫的雪景看久了会让人产生视觉疲劳，所以在拍摄主体是人物的情况下，可以让拍摄对象穿上暖色系的服装，如黄色、橙色、红色等，总之要能够与白雪区分开来并形成鲜明对比，才能在白色雪景的衬托下更好地突出拍摄对象。拍摄雪景很容易出现反光强、亮度高的情况，拍摄时我们可以打开手机的人像模式，将人物放置在画面中间以下的位置，提高手机的曝光度并降低亮度，拍摄人物不同的表情和状态。

在晚上拍摄飘落的雪花有着别样的风情。我们可以利用街边的路灯进行拍摄，选择一个暖光照明的路灯，打开手机的夜景增强模式，将街道上的行人放置在相机画面的中间位置。雪景中多了灯饰的点缀，会让人感到一丝温暖涌上心头。

如果道路上没有行人，我们可以选择直接拍摄雪景，将手机举起来，对着路灯进行拍摄，可以看到雪花飞舞的轨迹（如图 7-17）。

图 7-17　在路灯下拍摄雪花的运动轨迹

图 7-18 雪天拍摄树枝，突出树枝的线条感

图 7-19 植物叶片与白雪的对比

当拍摄主题是雪后的风景时，可以借助树林、河流、马路等元素。尽管冬天的树林都是光秃秃的，给人很萧条的感觉，但树枝落雪后的线条感很有韵味，在拍摄时可以将手机举高，将树枝与灰白的天空或深色的建筑结合在一起，根据天气情况调节亮度拍摄（如图 7-18）。

单调的纯白色雪景可能会让人产生视觉疲劳，我们可以通过添加色彩对比的方式来衬托雪景。比如，可以以雪中的腊梅、冬青等植物或色彩鲜明的建筑作为拍摄主体，以这些元素的色泽突出雪花的洁白，赋予画面美好意境（如图 7-19）。也可以在雪后，将铺满积雪的植物、建筑物作为拍摄前景，通过画面色彩提升空间深度，进而达到强化雪景表现力的目的。在拍摄时，如果自然环境下没有良好的拍摄素材，也可以自行添加色彩鲜明的摆件，以此来提升画面色彩。

在拍摄雪景时，由于雪具有较强的反光能力，其亮度要比画面中其他事物高，手机的自动测光未必能够在这样的环境下正常工作，因此很容易出现曝光不准确的问题，需要通过曝光补偿来获得正确的曝光。前文我们说到设置曝光量（即曝光补偿）通常遵循"明降暗升"的原则，而拍摄雪景时则恰恰相反，需要遵循"亮加暗减"的原则，即如果拍摄白色或明亮的物体，则需要增加曝光量；如果拍摄黑色或暗处的物体，则需要适当降低曝光量。这样的操作似乎与曝光的基本原则和习惯背道而驰，但实际上，由于手机相机的自动测光会以拍摄主体为主，白色或较亮的拍摄主体会给相机制造"环境明亮"的假象，从而导致曝光不足，这也是许多手机摄影初学者在拍摄雪景时曝光异常的原因。

当整个城市处于银装素裹之中，恰好遇到了难得的艳阳天，这是一定不能错过的。冬天的太阳光线会变得柔和，将雪景与阳光相结合，能够营造出非常温暖的氛围（如图 7-20）。用手机拍摄时顺光可能会导致画面太亮，层次感不清晰，可以打开手机的逆光模式进行拍摄。

图 7-20　洒落在雪地上的阳光，给人温暖的感觉

多云天这样拍

多云天是介于阴天和晴天之间的一种天气，既不会像阴天一样暗，也不会像晴天一样亮，有着自己独特的光线环境。

在多云天拍摄时，我们可以拍摄较为宽广的场所，比如野外、田边、建筑工地等，让天空中的云与场景内的建筑物，诸如电力塔、信号塔、塔吊、风车等形成对比（如图 7-21）。在拍摄时要注意构图的协调性，让画面看起来更加平衡。如果想要表现浓

图 7-21　多云天气拍摄塔吊的成片效果

重的氛围，可以适当降低曝光补偿，增添画面的厚重感。需要注意的是，当将曝光补偿降至最低时，画面可能会出现剪影效果。

除此之外，在多云天气拍摄大海也是非常不错的选择（如图 7-22）。大海的波澜壮阔与云海翻涌相得益彰，构建出非常和谐的画面。

在多云天气，傍晚的时候可能会出现光柱这种比较奇怪的现象，发现时将其拍摄下来，能够拍摄出非常唯美的画面（如图 7-23）。在拍摄过程中，由于光线环境

图 7-22 多云天气拍摄大海的成片效果　　图 7-23 多云天气拍摄傍晚光柱的成片效果

和拍摄时间并不统一，相机的自动测光会根据实际情况进行曝光，可以通过调整曝光补偿避免曝光过度或曝光不足的问题。在调整曝光补偿时，同样遵循"明降暗升"的原则。

7.1.6　雾霾天这样拍

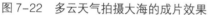

　　雾霾天对于中国北方的居民而言是非常常见的，也是非常不喜欢的天气，不仅影响视线，还影响身体健康，而在雾霾天拍摄照片可以算是"苦中作乐"。

　　在大雾天气，雾气多半集中于下方靠近地面的位置，我们可以选择在高处拍摄，比如高楼的天台，或者将手机伸出较高楼层的窗外，顺着阳光照射的方向拍摄室外的建筑（如图7-24）。图片中的城市仿佛置身于云海之中，显得格外唯美。

图 7-24　大雾天气站在高处拍摄城市建筑的成片效果

　　在雾霾天，我们也可以拍摄地面环境，比如拍摄小公园的树木，也能制造出置身于"人间仙境"的效果。在雾霾天的夜晚拍摄夜景别有一番风味。当夜幕降临，街边的灯纷纷亮起，在雾霾的作用下光线被折射出去，仿佛颜料掉进水里，拍出来的效果非常好。

　　除此之外，在雾霾天拍摄山水、建筑时，可以通过雾霾对拍摄主体的遮挡增加其神秘感（如图 7-25）。

在雾霾天进行手机摄影时，相机的自动测光会被环境干扰，曝光的准确性就成为了画面质感的决定性因素。雾霾环境中的画面以浅灰和白色调为主，深色调出现的情况较少，在拍摄时应根据现场环境和拍摄对象调整曝光补偿。除此之外，我们还可以根据希望得到的拍摄效果调整曝光补偿，希望得到淡雅柔和的效果，可以增加 1-2EV 曝光补偿，但要注意防止高光部分过曝；

图 7-25　雾霾天拍摄湖水与建筑，拍摄主体在雾霾的作用下若隐若现，仿佛人间仙境

希望得到厚重深沉的效果，可以逐步降低曝光补偿，但要注意对画面阴影部分的处理，防止画面过于阴暗。

7.2　拍摄生活中的小物件

在日常生活中，总会有些小物件让我们爱不释手，想要用拍照的方式把它留存下来。可是，有时候拍出来的照片却和我们想象中的完全不同，自己都不想再看第二眼，更别说放在社交媒体上展示了。那么，其他的摄影爱好者是如何把小物件拍出高级感，拍出"灵魂"效果的呢？下面我们就来探讨下拍摄小物件的精髓。

7.2.1　不起眼的小物件也能成为焦点

拍摄小物件时选择背景很重要，需要遵循一个原则——简化背景，突出焦点。有些小物件本身并没有那么抓人眼球，如果搭配复杂的背景就会更加不突出，甚至被"埋没"在背景中。

因此，想要让小物件的照片变得"吸睛"，我们要先给它一个简洁干净的背景，注意画面留白（如图 7-26）。只要有一个能与小物件之间形成对比的简单背景，即便一个随意的手势也能拍成非常漂亮的照片。比如手中拿着一片落叶，并选择背景

图 7-26　拍摄小物件的成片效果

虚化效果，突出落叶与手指这两个主体，就可以起到很好的效果（如图 7-27）。

想要突出画面中的焦点，光的运用也很重要。无论是日光还是灯光，光线都是拍摄过程中必不可少的元素，巧妙运用光影，就像是在为拍摄的画面注入灵魂一样重要。

既然说到在拍摄小物体时运用光，就一定要注意一点，那就是避免光的直射，尽量多用侧光，让光线与小物件形成对比，使之有立体感。另外，光线和阴影之间要有平衡，避免反差过强（如图 7-28）。

图 7-27　利用简单的手势让小物件
成为画面的焦点

图 7-28　通过光影打造小物件的层次感

拍摄小物件还有一个关键因素就是色彩。通过色彩对比的方式，可以让小物件变成焦点。比如拍摄主要颜色为红色的自行车摆件时，可以将其放在绿色的草地上，使其背景色与拍摄主体形成强烈对比，摆件的颜色被衬托得更加鲜艳，产生强烈的视觉冲击力，突出摆件的存在感，让观者一眼就可以看到画面中的焦点（如图 7-29）。

光影和色彩之间的对比不仅能够让拍摄对象更加突出，也很容易使画面变得更有层

图 7-29　色差对比强烈营造反差效果，
突出小物件的存在感

图 7-30　利用玻璃杯形成斑驳的光影

次感，烘托出画面的整体氛围，渲染拍摄时摄影者想要表达的情感，让整体构图变得更有质感。

我们可以借助家中的玻璃杯子，打开手机的手电筒，让光线透过玻璃杯照射过来，然后用手机拍摄形成的光影。也可以在杯子中放入不同颜色的水，使所照射出的光线变换颜色，形成非常漂亮的视觉效果（如图 7-30）。

7.2.2　多关注身边的摆设

当拍摄一个摆设的时候，我们可以在脑海中想象应该使用什么光照环境？应该使用哪种拍摄手法？应该通过哪个角度拍摄？

这样一来，当我们看到一个漂亮的摆设时，就可以通过手机将它转化为优质的照片。

想要利用摆设拍出风格独特的照片，一件摆设可能会显得有些单调，这时我们可以多加几个类似的物品，然后进行拍摄，画面的整体感觉一下子就出来了（如图 7-31）。在布置场景的时候，要让画面看起来随意。另外，摆设的色彩搭配要和谐，不

图 7-31　色彩的和谐搭配让画面色调统一，
不破坏镜头美感

图 7-32　按照顺序排列各项元素，
形成视觉分割效果，实现画面统一

图 7-33　将糖果瓶子按顺序排列后进行拍摄

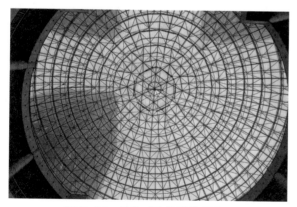

图 7-34　具有对称效果的照片，
能够满足"强迫症"的视觉需求

能出现强烈的色彩对比，这样可能会破坏镜头的美感，只有和谐用色才能够让画面看起来不突兀。

如果对颜色不够敏感，不知道如何搭配颜色，可以选择黑白灰色的搭配，因为这种搭配方式可以应用于大部分场景，操作起来相对比较简单。除此之外，还可以选择简单的顺序排列，也可以拍摄出风格独特的照片（如图7-32）。

如果家里没有什么合适的摆件，可以找一些随处可见的玻璃瓶子，不需要对拍摄对象进行什么特殊处理，只要把它们整齐地摆放好，或者按照一定的规律摆放，然后调整光线并找到合适的角度就可以拍摄了（如图7-33）。在拍摄时要注意光圈和感光度设置，光圈越小画面的清晰度就越高，感光度越低画面细节越丰富。另外，光源也是十分重要的一点，自然光环境下拍摄可以让画面更真实。如果自然光线不足，可以在物体的受光面采用其他光源补光，或在其阴暗面采用反光板进行补光。

对于不知道如何摆放拍摄对象的手机摄影初学者而言，在拍摄摆设时可以使用对称构图方式（如图7-34）。比如我们在拍摄食物时，不用费心琢磨配色问

题，甚至不用考虑配色问题，只需要做好两
份一模一样的食物并使用同样的餐具对称摆
放好即可。在拍摄时，我们还可以适当调整
拍摄角度，平拍时向左或向右移动镜头，仰
拍和俯拍时顺时针或逆时针移动镜头，直到
画面中的物体呈现完美的对称状态，就可以
得到一张让人看着很舒服的对称照片了。

　　拍摄摆设的重点就是我们对物件本身的
把握能力。或许有人觉得前几种拍摄方法过
于简单，那么下面我们来介绍一种相对有一
些挑战难度的拍摄方法。

　　有些照片中虽然有满满当当、各式各样
的物件，但是画面处理却相当和谐，并不会
给人杂乱的感觉。这就是拍摄者具有很好的
物品统筹、归纳能力，让摆设之间杂而不乱，
色彩之间有序搭配，形成了和谐的画面。

图 7-35　错落有致的摆设，
随意中又透露着规则

　　要想拍摄出上述效果的照片，就需要在拍摄之前观察好物体的形状、颜色、质地
等，而后考虑哪种物件适合搭配哪种背景与辅助道具，在心中勾勒出大概的场景后再
进行拍摄。拍摄时最好采用微距镜头，能够起到净化背景、突出主体的效果。为了
使拍出的照片色彩鲜艳，一定要保障光线充足，对于画面的阴暗处可以使用设备进
行补光。比如拍摄一束干花时，不需要将它们整齐地码放在一起，更不需要分开颜
色，就散乱着随意插在花瓶中，在拍摄时就可以得到一张看起来自然且随性的照片
（如图 7-35）。如果拍摄多个物体时无法掌控和谐，我们可以尝试各种摆放方式和取
景角度，从中找出效果良好的摆放方式和取景角度。

7.2.3　小物件也能拍出大花样

　　想把身边的小物件拍出花样，不如先从角度下手。我们对待身边常见的各种物
体，总是喜欢用俯视、平视的角度看待它们，如果换个角度，往往就会打开"新世界"
的大门。拍摄小物件时也是如此，用不同的角度来观察同一个小物件也许就会有新发
现，比如仰望、俯瞰等，也可以将小物件换个方向摆放，或者用更"刁钻"的视角去
拍摄，只要能想到的都可以大胆地去做尝试（如图 7-36）。

图 7-36　以俯拍方式拍摄摆件的成片效果

除了改变角度，我们还可以近距离观察。当我们拿着喜欢的小物件准备拍摄却感觉无从下手时，尤其是觉得将整个小物件拍摄下来毫无新意时，可以试试先拍局部。比如拍摄一盆盆栽时，将其整个拍下来并不具备美感或者美感并不强烈（如图 7-37）。但当我们选择拍摄盆栽局部时，将镜头移动至花朵，可以看到照片的美感提升了许多（如图 7-38）。

或者我们也可以凑近一些观察，使用微距镜头拍摄物体，找出该物体平时被我们忽略的细节（如图 7-39）。这种拍摄方式不仅增加了观察趣味性，还可以发现小物件"不为人知"的一面。

图 7-37　拍摄盆栽整体时画面缺乏美感

图 7-38　拍摄盆栽局部时画面美感提升

我们都知道手机摄影中画面色彩的重要性，想让小物件在镜头下变得更鲜活，玩转色彩也是一种方法。色彩碰撞对色感是有一定要求的，所以在颜色选择上，可以选择两个相隔较远的颜色来对比，或者选择两个相近的颜色相配合。对比色运用的好，可以使普通的小物件瞬间就有了很强的视觉冲击力，让小物件有了"灵魂"（如图 7-40）。

图 7-39 微距镜头下拍摄被咬了一口的草莓

图 7-40 对比强烈的颜色
形成色彩碰撞，强化了
物体的视觉效果

7.3 让美食的香味透过照片展现出来

美食是我们生活中必不可少的一部分，尤其是对于"吃货"而言。但是在现下这个朋友圈文化盛行的时代，享受美食不仅要吃进肚子里去，还要把它们拍下来。那么，我们如何才能拍摄出让人垂涎欲滴的美食照片呢？答案就在本节内容里。

7.3.1 近距离才能更直观看到美食

许多手机摄影初学者在拍摄食物时会有这样的困扰：明明是认真拍摄的照片，但是成片效果却远不及他人，甚至还没有使用旧款手机的人拍出的效果好。这种情况是什么原因造成的呢？

答案有三个，一是蒸汽模糊镜头，二是对焦失误，三是贪多。

我们都知道，大部分中餐在上桌时都是非常烫的，其上方会产生很多蒸汽，如果将手机放在食物上方拍摄，镜头很容易被蒸汽模糊，从而导致拍摄画面清晰度不够。因此在拍摄这类食物时，我们最好将手机放在一侧进行拍摄，有效躲避蒸汽的干扰。

对焦失误就是将焦点放在了错误或者不合适的位置。由于食材、背景、光线等因素的不同，手机的自动对焦未必能够准确锁定到拍摄对象上，最好采用手动对焦。

打开手机相机，对准拍摄对象，在屏幕上轻轻点击拍摄对象就可以完成对焦。

贪多也是手机摄影初学者的通病。如果拍摄一桌子菜难免会给人一种乱糟糟的感觉（如图7-41），无法凸显每道菜品的特点与搭配，而针对一个菜品进行拍摄，能够充分展现这道菜品的特色与搭配（如图7-42）。

图 7-41　拍摄菜品太多显得杂乱

图 7-42　拍摄单个菜品突出精致

7.3.2　俯拍可以让美食完全入镜

拍摄食物时，也可以选择俯拍的角度进行拍摄。俯拍可以细化为两种，一种是斜向下45°俯拍，另一种是平面俯拍。

斜向下45°俯拍也就是将手机倾斜举起，与食物的水平线之间形成45°左右的夹角，然后拍摄食物（如图7-43）。这种方式比较适合拍摄立体或是有造型的食物，能够增强食物的立体感与画面对比。

平面俯拍也就是将手机举起，与食物的水平线呈平行状态（如图7-44）。这种拍摄方式适合用来拍摄没有造型的蛋糕、甜品以及其他立体感不足的食物，能够充分展现食物的平面细节。

图 7-43　斜向下45°俯拍，提升画面立体感

图 7-44　平面俯拍生日蛋糕，充分展现细节

7.3.3　背景选用清新风格

背景的重要性是毋庸置疑的，一个优质的背景可以更加凸显食物的美味，这也是我们为什么更喜欢用看起来比较精致的餐具来盛放食物的原因。

在拍摄食物时，如果背景是脏兮兮的，哪怕食物看起来再诱人也不会引起人们的关注。因此拍摄时一定要注意背景的选择，可以选用单色的、没有图案的背景，以突显食物的清新风格。

比如拍摄糕点时，可以以蛋糕店提供的餐盘作为背景（如图 7-45）。蛋糕房的餐盘多是乳白、白色等比较浅的颜色，与做好的糕点可以形成鲜明的色彩对比，在餐盘的衬托下，糕点看起来会非常诱人。

图 7-45　在浅色餐盘的衬托下，
糕点显得精致可口

7.3.4　光线的重要性

光线决定了食物的拍摄效果，且直接决定了观者是否愿意仔细查看照片。试想一下，如果你面前摆放了两盘食物，一盘是酱油放多了、看起来黑乎乎，甚至无法分辨面貌的椒盐牛肉，另一盘则是色彩搭配鲜明、辅料添加恰当的土豆丝盖饭。在并不知道第一盘食物是牛肉的情况下，你会选择吃哪个？

想来大多数人会选择后者。这就是颜色对于食物的重要性，而光线决定了食物拍出来的画面颜色。

在光线环境较暗的情况下拍摄出的食物照片，食物看起来是黑乎乎的，让人无法分辨食物的组成，且食物的颜色搭配不明显，让人看起来就没有食欲（如图 7-46）。

而在光线环境适中或较亮的情况下（如图 7-47），食物的组成一览无余，不同颜色的搭配增强了食物的视觉冲击力，让食物看起来非常可口。自然光照下拍出的照片效果是毋庸置疑的，但如果环境中的自然光照不足，我们可以通过闪光灯等设备进行补光。

图 7-46　光线不好拍摄的食物整体发黑，
让人没有食欲

图 7-47　光线良好拍摄的食物
看起来非常可口

7.3.5　用一些配饰点缀

好的摄影作品除了懂得突出焦点，还需要有适当的配饰进行点缀。有时候尽管只是不起眼的小配饰，就可能让画面发生翻天覆地的变化。

例如在拍摄苹果时，可以在苹果上撒上一些雪花，或者是在雪天拍摄苹果，通红的苹果在白色雪花的映照下显得更加漂亮，色泽也更加红润。将餐具与美食放在一起也是非常不错的方法，可以起到画龙点睛的作用，让人瞬间有种想吃的冲动（如图 7-48）。

图 7-48　将餐具和美食放在一起，让人产生想要尝一口的冲动

第8章

用手机拍下夜晚美景

图 8-1

夜幕初上，在岸上灯光的映照下，水面的波光浮现出来，天空的背景依旧是淡淡的蓝色，浮现出较为深色的云朵，这样的夜景给人一种悠闲、舒适的感觉。

8.1 这样的夜景才好看

夜景作为手机摄影的一大类，比较考验摄影爱好者对构图的把控能力和色彩的掌握能力。更重要的是，夜景拍摄着重考验摄影爱好者对光线的处理能力。只有各项能力合格才能拍出好看的夜景，本节就为大家讲述拍摄优质的夜景照片需要具备哪些条件。

8.1.1 夜间模式

所谓"夜间模式"，就是在夜间拍摄照片时使用的模式，在夜间模式下拍摄夜景，系统会自行精确光线算法。在该模式下，尽管会增加相机对光线的敏感度和吸收效果，让画面看起来比较亮，但是仍然会保持黑夜的感觉，不会像开启闪光灯一样，让黑夜的景观变得跟白天一样。

设置夜间模式的方法为，打开手机相机，将模式调整为"夜景"即可（如图8-2）。

在拍摄夜间的景象时，如果没有开启夜拍模式，拍出来的照片无法完全体现灯光环境的效果，整体感觉像是曝光过度造成的白斑，细节处理上也不尽如人意（如图8-3）。而在开启夜间模式后再拍摄夜景，可以很好地显示出景象的细节处，灯光效果也展现得非常完美，色彩上也更加趋于真实的夜间环境（如图8-4）。

图8-2 夜景模式

图8-3 未开启夜拍模式拍摄夜景的成片效果

图8-4 开启夜拍模式拍摄夜景的成片效果

8.1.2　关注细节

夜景拍摄要注意细节问题，尤其是在构图上。虽然在拍摄夜景时整个画面都偏暗，能够隐藏不少细节，但我们不可以忽视对细节的把控，避免细节处的失误破坏整个画面（如图 8-5）。

影响夜景质量的细节性因素主要是白平衡。许多手机摄影初学者在拍摄夜景时都会采取自动白平衡，这种操作是不正确的。一幅夜景作品之所以出众，很大程度上取决于它的意境，而意境的走向和拍摄环境、画面色调等息息相关。总体而言，想要拍出现代感十足的夜景，需要以现代建筑作为拍摄对象，画面色调要偏冷一些；想要拍出历史感浓重的夜景，需要以古典建筑作为拍摄对象，画面色调要偏暖一些。

8.1.3　避免色彩失真

拍摄夜景时，由于光线不足的问题，需要依靠路灯、电灯、闪光灯等物品进行补光。在补光的环境下，需要找准拍摄角度并设置好拍摄参数，避免造成过度曝光等问题，使画面失真。

夜晚的光线环境大多较暗，因此调整合适的曝光是拍摄夜景的第一步。对于很多手机摄影初学者来说，如何平衡拍摄环境中不同强度的光线产生光差比是一件十分棘手的事情。在这种情况下，如果追求光线强的部分曝光正确，可能会导致暗处曝光不足，导致画面阴影太多；如果追求光线弱的部分曝光正确，可能会导致亮处

图 8-5　夜景拍摄的细节化处理

图 8-6　参数设置失误导致画面色彩失真

过曝，导致画面出现杂光（如图8-6）。

想要消除光差比对画面造成的影响，可以通过两种方式，一种是逐步调整曝光，寻求画面平衡，第二种是采用HDR模式拍摄，为后期修改留下空间。

在路灯或其他照明设备提供的光线条件比较良好的情况下，我们可以关闭手机闪光灯，降低亮度，凸出画面中的灯光（如图8-7、图8-8）。

图8-7　关闭手机闪光灯后拍摄夜景，　　　　图8-8　关闭手机闪光灯后拍摄夜景，
　　　　突出灯光效果　　　　　　　　　　　　　　突出灯光及水面反射效果

8.1.4　画面要有层次感

缺乏层次感的夜景会变得扁平化，无法突出其亮点。通过对夜景层次感的把控，可以让夜景变得更加引人注目（如图8-9）。与拍摄山水时一样，夜景画面的层次感需要通过前景、中景、远景三个层面来展现。通常情况下，拍摄夜景时可以选取水面、植物、路面等作为前景，中景则多由建筑、人物、植物、山体等元素组成，远景则是天空。

图8-9　具有层次感的夜景拍摄成片效果

8.1.5　展现建筑几何美

夜晚拍摄建筑物时，我们可以对建筑物的局部进行拍摄，让画面当中留有一定的空白，通常占据画面的1/3到2/3，最少不低于1/4。适当的留白可以让灯光与建筑形成对比，拍摄建筑的剪影，突出建筑的线条感，勾勒出建筑的几何美和立体感（如图 8-10、图 8-11）。

图 8-10　通过灯光与建筑线条的契合，
展现建筑的几何美

图 8-11　通过灯光与建筑整体的契合，
展现建筑的立体感

8.2　拍摄夜景的 5 个关键因素

在拍摄夜景时，我们除了需要注意构图以及色彩的处理，还有几个因素非常重要，即拍摄地、三脚架、曝光量、白平衡、感光度五个因素。这五个因素与拍摄夜景有什么关系？我们又该如何掌握呢？

8.2.1　拍摄地

想要拍出不错的夜景，首先就是要选择合适的拍摄地点。

在挑选拍摄场地时，需要结合成片效果来选择，想要拍出繁华的气息，就要前往大城市的热闹场所，比如商场、公园、广场等；想要给予照片静谧的氛围，就要找一个安静的角落，比如天台、郊区、山区等（如图 8-12）。即便是同样的地方，用不同

图 8-12　在安静的角落拍摄夜景，
使画面充满静谧感

的角度拍摄，也会呈现不同的效果。

下面给大家介绍几个拍摄夜景的经典场所：

1. 天桥。

天桥是在城市中拍摄夜景时最常见的场所，可以捕捉过往车辆及道路两旁的建

图 8-13　在天桥上拍摄夜景

筑，是拍摄车轨的最佳场所，即便是手机摄影初学者也能够拍出很不错的照片（如图 8-13）。在拍摄车轨时，将光圈调整为 f16 或更小，将感光度设置为最低，将快门速度设置为 20 秒到 30 秒。在设置快门速度时，如果车流量比较多可以适当缩短快门速度，最短不低于 3 秒，否则无法拍出车轨痕迹。设置完成后，将手机固定在三脚架上拍摄即可。

2. 空旷场所。

我们可以找一个空旷无人的场所进行拍摄，将建筑物的灯光与月色相结合，让

图 8-14　在天台上拍摄夜景

两者形成对比，凸显城市夜色的多彩。可以在城郊的山上，也可以在天台的位置进行拍摄（如图 8-14），能够更加清楚地将道路两旁的美丽夜景拍摄下来。

3. 城市街道。

比起夜景大片，城市街道的深夜更多了一份安静、唯美的韵味。不同于早高峰和晚高峰的车流涌动，深夜的街道虽然依旧有

汽车往返，但总归是平静了许多。在拍摄时，选择夜拍模式，对准空荡荡的街道进行拍摄即可。也可以在专业模式中将镜头调整为微距，降低感光度并将快门速度调整为 1 秒左右，如果携带了三脚架等固定手机的设备，可以适当调高快门速度，但最好不超过 10 秒，否则车辆通过时会拍出车轨效果。在微距镜头下，不但可以让人感受到道路的宽阔，也能够拍出路灯特有的光斑（如图 8-15）。

图 8-15　在深夜的城市街道拍摄夜景

4. 水边。

有水的地方进行拍摄，不仅可以将建筑物的轮廓和水边的灯光效果拍摄下来，还可以将水中建筑与灯光的倒影拍摄下来，形成一种梦幻的氛围（如图 8-16）。为了避免画面出现过多的噪点，要将感光度调节到 200 以下。如果携带了三脚架等固定手机的设备，可以将快门速度设置为 10 秒到 30 秒之间，得到更好的成像效果；而如果是手持拍摄，快门速度最好不要超过 2 秒，否则会因为手部抖动导致画面模糊。在水边拍摄夜景时，有一点需要注意，拍摄位置越低、距离水面越近，水面倒影就越完整；拍摄位置越高、距离水面越远，水面倒影就越不完整。因此，在拍摄时，我们可以选择位置较低的地方，以便将水面倒影的全貌拍摄下来。

图 8-16　在水边拍摄岸边的灯光以及水面倒影

5.郊外或者乡村。

如果想要拍摄夜空，那么我们可以选择避开地面光源的干扰，在人烟稀少的郊外、村庄进行拍摄（如图8-17）。这样一来能够避开光源污染，二来能够看到晚间晴朗的天空和璀璨的繁星，如果设备允许的话，很适合用来拍摄星轨。

这里需要说明的是，由于拍摄星轨需要花费数个小时的时间，而手机相机的快门速度通常在32秒左

图8-17　在郊外利用三脚架等设备拍摄夜空

右，因此使用手机是无法拍摄星轨的，但使用手机拍摄夜空的效果也非常不错。在拍摄夜空时要选择一个好天气，只有万里无云的夜空才能拍摄出月亮和星辰。拍摄夜空与拍摄车轨一样，需要调整为小光圈、低感光度、慢快门，之后将手机固定在三角架上进行拍摄即可。

8.2.2　三脚架

三脚架是在摄影时用来稳定手机的一种支撑架，用以达到某些摄影效果，尤其是拍摄需要长时间保持不动的长曝光镜头时。拍摄时只需要将手机固定在三脚架上面，就可以获得较高的稳定性，实现更好的拍照效果（如图8-18）。

图8-18　使用三脚架固定手机拍摄晚霞的成片效果

大多数优秀的摄影作品都能够通过手持手机来完成拍摄，但在拍摄夜景时，有一些情况下是需要用到三脚架的。

1. 拍摄长曝光镜头。

我们看到过很多令人惊叹的车轨照片，道路上车辆的灯光变成沿着街道流动的光束，这就是长时间曝光所达到的效果。在大多数情况下，这种效果的快门速度在1/600 秒到 1/4000 秒之间，如果光线较暗，则快门速度有可能下降到 1/200 秒左右。另外，手持智能手机拍摄时，是一定会出现轻微抖动的，拍出来的照片也就会随之模糊。因此，在拍摄长曝光镜头时，我们要借助三脚架来进行。

2. 弱光环境下拍摄。

在弱光环境下拍摄时，想要获得更佳拍照效果，就要在较低的快门速度下进行。这时就需要三脚架上场了。尤其是在夜间拍摄移动的物体时，三脚架可以说是必备的。

那么，在进行夜拍时，我们应该选择什么款式的三脚架呢？

在众多的手机三脚架中，比较常见的有三种：

1. 桌面式三脚架。

桌面式三脚架（如图 8-19）是所有三脚架类型中较为小巧的，也是比较适合在平面上使用的。桌面式三脚架非常轻便，摄影爱好者需要外出拍摄夜景时能够随身携带，使用起来也非常方便。

图 8-19　桌面式三脚架①

---

① 图片来源于索尼中国在线商城官方网站。网址：https://www.sonystyle.com.cn/products/accessory/ak_accy/vct_stg1/vct_stg1.html

2. 章鱼三脚架。

章鱼三脚架（如图 8-20）因其比较
特殊的造型而得名，它的支撑腿奇特而
灵活。这种三脚架可以很方便地操作，
无论是折叠还是大角度调整都不在话
下。章鱼三脚架也是轻便的拍摄工具，
但比桌面三脚架的功能更加丰富一些，
可以在家中使用，也可以在外出拍摄时
使用，能够安放在各种物体上，以多种
角度进行拍摄。

图 8-20　章鱼三脚①

3. 传统三脚架。

传统三脚架（如图 8-21）是常见的三脚架，它具有一定的高度，可用于任何情
况下的夜景拍摄，拍摄效果也非常稳定，并且是三种三脚架中看起来比较"专业"
的一款。但与桌面式三脚架、章鱼三脚架相比较而言，传统三脚架价格更高，体型
也更加笨重，通常还需要另外购买智能手机夹才可以使用。

图 8-21　传统三脚架②

---

① 图片来源于富图宝官方网站。网址：http://www.fotopro.cn/product/Portable_100000049143977.html
② 图片来源于索尼中国在线商城官方网站。网址：https://www.sonystyle.com.cn/products/accessory/
tripod/vct_p300/vct_p300.html

8.2.3 曝光量

当环境光线比较强烈，或者需要特殊的画面效果时，我们也可以手动对曝光补偿进行调节，满足更加精细化的摄影需求（如图 8-22）。调整曝光补偿是平衡照片亮度的方式之一，可以通过增加曝光补偿来增加照片中的亮度或者减少曝光来使照片更加暗淡。在调整曝光补偿时，白色的景物可以适当增加曝光补偿，黑色景物可以适当减少曝光补偿。但要注意不要造成曝光补偿过度（如图 8-23），影响画面质感。

图 8-22 曝光补偿合适细节更完整

由于夜晚的灯光明暗对比强烈，拍出来的照片或者过于偏白，或者过于偏暗。为了能够拍出令我们满意的照片，我们需要根据情况调整曝光。在拍摄时，我们要观察图像的亮部和暗部，通过手动调整曝光、曝光补偿来获得合适的曝光（如图 8-24）。

图 8-23 曝光补偿过度使画面失真

图 8-24 使用手机拍摄花灯的成片效果

8.2.4　白平衡

　　白平衡是指"不管在任何光源下，都能将白色物体还原为白色"，它是相机的一种算法，通过判断当时的光源情况来纠正画面中可能出现的色彩偏差。

　　在晴天、阴天、多云、荧光灯等不同光线条件下，物体的颜色会变得不同，拍摄出来的照片颜色也会不一样。在拍摄夜景时，由于光源的复杂性，即便是在同一角度拍摄同一场景，白平衡设置也会对拍摄效果产生很大影响（如图8-25、图8-26、图8-27所示）。所以，当我们需要拍摄出正确颜色的照片时，就需要通过手动设置白平衡来还原物体原本的颜色，拍出我们需要的照片。

图8-25　钨丝灯白平衡模式下拍摄晚霞偏蓝色　　图8-26　自定义白平衡模式下拍摄晚霞偏黄色

图8-27　日光白平衡模式下拍摄晚霞偏红色

由于不同白平衡模式会对拍照效果产生不同影响，大多数的手机相机内都设有五六种模式，如自动、日光、阴天、晴天、白炽灯等。鉴于夜景拍摄中灯光环境的复杂性，在拍摄时可以手动设置白平衡模式。

在街道、商店、广场等地方拍摄时，可以将白平衡设置为阳光模式或日光模式，这样能够获得暖色调效果，使夜晚的街道或广场显得更加热闹（如图8-28），烘托夜景热闹的气氛。

图 8-28　在日光模式下拍摄广场的成片效果

除了暖色调，在日落时以蓝色调为主，华灯初上的画面也能给人带来非常享受的视觉体验。将白平衡模式设置为白炽灯模式，就能够突出表现浓郁的蓝色调（如图 8-29）。

图 8-29　白炽灯模式下拍摄街景的成片效果

如果想获得夜幕降临时黄昏的感觉，可以将白平衡设定为荧光灯模式（如图8-30）。在该模式下，阳光连同整个天空都变成了红色，成片给人一种温暖的感觉。

图 8-30　荧光灯模式下拍摄黄昏的成片效果

8.2.5　感光度

感光度也就是相机对光线的敏感程度，是决定成像曝光的重要因素。手机中的感光度主要是通过调整感光器件的灵敏度或者合并感光点的方式来实现的。相机镜头上的光圈就像是人的瞳孔，在黑暗的环境中，放大瞳孔会有更多光线进入眼睛。同理，将相机的光圈调大，让相机感光元件接收更多光线，就能保证在黑暗中也能拍到画面。感光度越高，手机相机的拍摄能力就越强，但同时也会出现更多噪点，放大后的效果也就越差；感光度越低，照片的画质也会越高。

白天光线充足，一般只需要自动模式就可以满足拍摄需求。但在拍摄夜景时，由于夜晚光线暗，自动模式下的低感光度拍出的照片会显得很暗（如图8-31），这时候就需要手动调整手机的感光度。

感光度一般可以分为三个等级。

图 8-31　自动感光模式下
拍摄花灯的成片效果

1. 低感光度。

感光度在 800 以下为低感光度，在低感光度下拍摄的照片平滑、细致（如图 8-32）。所以只要条件允许，使用低感光度进行拍摄就可以了。

图 8-32　感光度在 800 以下画面清晰

2. 中感光度。

感光度 800-6400 属于中感光度，在中感光度下拍摄，画面会出现部分噪点（如图 8-33）。使用中感光度的时候需要考虑好照片的用途，以及使用过程中是否会进行缩放、会放大到多少倍等，在能够接受噪点的情况下，可以使用中感光度进行拍摄。

图 8-33　感光度 1600 时画面出现噪点

3. 高感光度。

感光度 6400 以上为高感光度，拍摄时画面中会出现大量噪点（如图 8-34）。

尽管在增加感光度的同时照片的噪点会增多，有时候甚至严重影响了照片的质量，但在夜景拍摄中，增加感光度也有其好处。

在夜间拍摄天空时，由于光线环境较差，很多时候都无法捕捉到影像，可以将

图 8-34　感光度 6400 画面噪点非常多

感光度提高，突出天空的特色。但如果画面中有强光源，在拍摄天空时就要降低感光度，否则会引起亮度过曝，导致画面失衡。

图 8-35　手持手机相机拍摄天空时，提高感光度，拍摄天空特色

8.3　夜景中常见的 4 个拍摄对象

在进行夜景摄影时，有四个常见的拍摄对象，分别是人物、夜空、车轨、灯光，这也是构成夜景拍摄的四个重要因素。接下来我们将讲述如何在夜景中完美呈现其不同魅力。

8.3.1　人物

人物是夜景拍摄中占比例相对较大的一个方面。人物在夜景中的站位、角度以及衬托人物的光源是夜间拍摄人物的核心因素。因此，夜景人物的拍摄难度也相对较大，其中比较大的问题就是光线：如果光线昏暗，则会导致人物模糊不清，拍摄的照片缺乏冲击力，也不够美观；如果光线过于强烈，那么拍摄的照片曝光率又会太高，导致照片的对比过于强烈。

所以我们想要在夜间拍摄出好看的人像照片，解决光线问题是一个首要任务。这里分享三种小技巧来帮助摄影爱好者解决这一问题。

在光源较为丰富的夜景中，想要拍摄出人物与环境相融合的照片，对比色光源的选取是非常重要的。如果想要拍摄出暖色系的人物，可以寻找黄色或橘色的灯光环境（如图 8-36）；如果想要拍摄出冷色系的人物，那么可以寻找蓝色或者白色的光源。通过站在光源的前面或背面，都能够拍摄出非常独特的照片。

在夜间拍摄人物的技巧中，除了光源问题，还有角度和位置的问题。如果不能准确把握人物在画面中的位置，那么拍摄出的人物形象可能会不够饱满和挺拔，导致人物无法在作品中突出，偏移了人像摄影的主旨意义。因此，解决位置和角度问题，就成了夜间拍摄人像工作的第二大难题。

人物在手机镜头中的位置，直接决定了摄影作品的主题。因此，在拍摄过程中，需要打开手机相机里的参考线，利用三等分构图原理，尽可能地将人物放在交点的位置，让人物主体与周围的环境形成对比，也能够让人物完美融入其中，并让人物充满生活气息，更加有灵气（如图 8-37）。

接下来说说位置问题。拍摄人物的角度与光源是相呼应的，我们可以通过光的来源确定拍摄角度。一般来说，可以选择逆光、侧光两种。逆光可以让人物在夜色中更加突出，给人一种恢弘大气的感觉；侧光能够展现出人物的温柔与安静，给人

图 8-36　在暖色系灯光环境下拍摄人物的成片效果

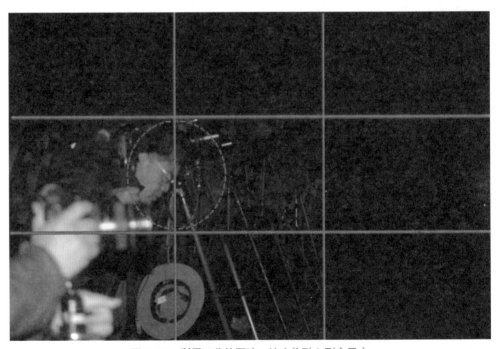

图 8-37　利用三分构图法，让人物融入到夜景中

一种祥和的感觉。

　　角度的选择取决于想要的风格。确定照片的整体风格后，再结合光线条件来寻找合适的拍摄角度即可。

　　在分析了光源问题和位置角度问题后，我们简单地提及一下如何让人物的色彩在夜色中更加饱满。众所周知，由于光的问题，夜景往往会比较昏暗，颜色之间的对比不够强烈，甚至画面都是黑乎乎的。这也造成了夜间拍摄的短板，但我们可以通过两种方式解决这个问题。

　　1.闪光灯和滤镜一同使用。

　　打开手机闪光灯，并使用手机自带的滤镜功能，利用光源和滤镜的双重结合，提升人物在画面中的色感，让人物身上的服饰或者妆容更加亮眼（如图 8-38）。

图 8-38　通过闪光灯和暖色系的滤镜提升画面色感，让人物身上的服饰更加亮眼

　　2.提升曝光度。

　　在周围环境非常暗的情况下，可以选择提升曝光度，让人物的色感与背景的暗色调有一个对比，这样也能达到提升画面色感的效果（如图 8-39）。

图 8-39　在夜色中通过剪影方式拍出优质的人像图片

　　总而言之，在夜间拍摄人像的过程中，如果能够利用以上技巧，解决光源、色彩和位置三大问题，那么我们就能够利用手机在夜间拍摄出美丽的人像照片。

8.3.2　夜空

　　夜空可以说是夜景拍摄的重头戏，几乎每一个摄影爱好者都会在夜间将手机对准天空（如图 8-40）。曾几何时，许多天文爱好者也是利用专业相机和设备来拍摄夜空，但拍摄设备不仅重量惊人，价格也是让许多人望而却步。

　　随着科技的发展，现如今我们可以使用手机来拍摄浩瀚的星空。在使用手机拍摄夜空的时候，我们又需要掌握哪些技巧才能够将夜空的美丽体现得淋漓尽致呢？

　　在拍摄之前，需要准备好手机与三脚架，并将手机的快门设置为 10 秒到 30 秒，

图 8-40　拍摄夜空的成片效果

将感光度设置为最低，将光圈调小。设置完成后，我们可以通过手机的摄像头来寻找合适的拍摄角度，这取决于我们想要拍摄哪些星星。由于天空中的星星或星座所在的位置不同，每一年的最佳观赏时间也不同，因此在拍摄时需要根据具体情况来确定拍摄方位。在确定好拍摄方位后，使用三脚架固定手机。当一切准备就绪后，就可以开始拍摄星空了。

在漆黑的夜空中，不是只有满天星光，还有皎洁的月亮。现在的许多手机都具有拍摄月亮的功能，我们可以将相机设置为专业模式，将感光度设置为 100，将快门速度设置为 1/1000。设置好以后将手机对准月亮，并将相机画面放大到 50 倍（部分手机仅可以调整为 20 倍或 10 倍），此时就可以拍摄月亮了（如图 8-41）。需要注意的是，在拍摄月亮时要注意保持平稳，手部抖动可能会导致图片模糊。

作为手机拍摄的四大对象之一，夜空自始至终都在手机夜间摄影中占领着重要的地位，通过以上小技巧，可轻松拍摄出漂亮的夜空环境，甚至不需要繁杂沉重的装备，也能将浩瀚星辰记录下来。

图 8-41　使用华为荣耀 20 Pro 拍摄月亮的成片效果

8.3.3　车轨

如果想要拍摄出优质的车轨照，我们需要如何去做呢？

我们首先要做的就是选择空间。在拍摄车轨的时候，需要选择一个车辆比较多的路段，然后选择一个尽量高的地方，比如高楼或者是天桥，位置越高越能够拍摄到更多的车辆，车轨照片的画面也就越丰富。如果位置太低，会造成拍摄图片过于单一、车轨行迹不完整等问题。

在确定了拍摄地点以后，下一步就是确定拍摄时间。白天是肯定不能拍摄出车轨的，而太过晚的时间车流量可能不够，可以选择傍晚时分。太阳刚刚落下，深蓝色的天空和夕阳余晖交相辉映，车灯和路灯都刚刚亮起，整个城市华灯初上，街道充满了生活气息，在这个时间段拍摄车轨无疑是很好的时机。在拍摄的过程中，我们透过手机能够发现，车灯与背景能够完美融合在一起，通过调节快门，就可以得

图 8-42　拍摄车轨的成片效果

到一张与众不同的车轨照片（如图 8-42）。快门速度取决于车流量，车流量大时可以将快门速度控制在 10 秒之内，车流量小时可以将快门速度调整到 30 秒。

当然，在实际拍摄时，我们还要注意几个问题：

1. 固定手机。

在拍摄时要保障手机不会来回晃动，固定好手机以后，将感光度调整为 50 到 400 之间，避免过高也避免过低，快门速度设置为 30 秒，点击拍摄按钮后，安静等待半分钟就可以得到一张完美的车轨照片（如图 8-43）。

图 8-43　在傍晚时分拍摄车轨

2. 使用慢门。

在拍摄车轨的时候，也可以使用慢门效果。如果手机中有慢门拍摄，那么直接开启就行。如果使用的是手机摄影 APP，那么可以在设置中找到慢效果，然后选择"光轨"模式，再将快门速度设置成 4 秒或 8 秒，同时尽量调低画面亮度，避免长时间曝光。如果画面过曝，可以点击手机屏幕的亮处，进行自动曝光即可。

总之，手机拍摄车轨的关键在于快门，我们可以通过调整快门速度，也可以使用流光快门的方式进行拍摄。其次就是保持手机的稳定性。只要保障这两点，就能够利用手机相机拍摄出一组好看的车轨照片。

8.3.4　灯光

在使用手机拍摄夜景时，无处不在的就是璀璨的灯光，想要用手机拍摄出柔和靓丽的灯光效果，可以通过以下几个小技巧来进行。

1. 调整对焦。

如果想要将灯光的璀璨凸显出来，可以通过调整对焦的方式进行。尽量往光线亮的地方对焦。选择对焦的要点有两个，第一是对焦点亮，整体画面偏暗，突出灯光的色彩感；第二是通过将对焦点暗，让画面整体偏亮，角落也能够看得非常清楚。不过，这种情况下画面的噪点会明显增多，可能达不到理想的效果（如图 8-44）。

图 8-44　拍摄灯光的成片效果

在尝试了数次的对焦后，如果仍然无法得到优质的灯光画面，可以打开相机的 HDR 模式。HDR 模式是所有手机都会带有的模式，能更好地中和过亮和过暗的画面，使照片保留更多的细节，用来拍摄夜景灯光也很合适（如图 8-45）。

图 8-45　在 HDR 模式下
拍摄夜景的成片效果

2.画面平衡。

拍摄好看的夜景灯光，整体画面的平衡感也不能忽略。在拍摄时我们可以通过构图线来调整画面平衡，在使画面中各元素之间的关系更加均衡的同时，避免拍出倾斜的照片。此外，因为灯光不足的原因，拍摄夜景的时候非常容易糊掉，或者出现虚影。因此拍照的时候可以找一个支点，比如利用三脚架，或者找到一个固定的手机的栏杆（如图 8-46）。

手机的夜景拍摄模式是多种多样的，素材和主题内容也是多种多样的，简单的技巧和设置能够帮助拍摄者拍摄出更加优秀的作品。

图 8-46　拍摄夜景时使用三脚架支撑手机，避免"虚影"问题

8.4 闪光灯你真的会用吗?

在拍摄夜景人像的时候,如果遇到光源问题,比较实用和相对直接的解决办法就是补光。通常,开启手机夜间拍摄模式中的大光圈效果,让更多光线被镜头收入,再配合高光感,就能解决因为光源不足无法在夜间清晰拍摄人像的问题。当然,除了大光圈效果以外,也可以利用手机中自带的闪光灯进行补光。由拍摄者以外的人将光线打在拍摄对象的身体上或者周围,提升人物在夜景中的光线感,从而改变相机的曝光量,使得夜间能够拍摄出清晰的人像。

当拍摄环境周围光线比较昏暗,而我们又想要着重突出人物的时候,可以选择用闪光灯来解决问题。开启闪光灯能够保证快门速度足够高,拍摄出的照片主光源强烈,人物在夜景中的效果也非常棒。但是在使用闪光灯的时候,也要注意与人物的距离适中,如果太远可能会达不到想要的效果,如果太近则会让人物的曝光量过高,导致画面中出现大量白点。当然,为了避免画面中出现大量白点,我们可以在闪光灯前方添加柔光罩,以此来弱化闪光灯的亮度,使其发挥更好的效果。

对于闪光灯的设置包括四种,分别是自动、开启、补光、关闭(如图 8-47)。

图 8-47 闪光灯

图 8-48 使用闪光灯拍摄时手机抖动导致画面模糊

图 8-49 使用闪光灯拍摄时手机平稳，画面清晰度高

自动即手机相机根据拍摄场景的光线等信息计算是否需要开启闪光灯，一般只有光线较暗时才会自动开启。

开启即无论光线是否足够，只要拍摄照片都会开启闪光灯补光，在白天拍摄及拍摄星空、灯光效果时会受到影响。补光即像手电筒一样持续对拍摄对象进行补光，用以寻找合适的拍摄位置。在补光状态下，除非关闭相机或者关闭补光才会关闭闪光灯。

在使用闪光灯对物体进行拍摄时，需要注意拍摄角度，使光全部打在画面主体的位置。在使用闪光灯拍摄的时候，照片呈现的效果可能并不好，这时我们可以尝试多次拍摄，以求找到正确的拍摄角度（如图 8-48）。另外，使用闪光灯拍摄时，会有一定的延时，所以在定格画面的瞬间一定要保证手机的稳定性，否则拍出的照片清晰度会大受影响（如图 8-49）。

第 9 章

用视频，记录生活

图 9-1

采用对角线构图，将植物分布在画面的对角线上，同时虚化背景，突出植物这一主体，使画面充满了生命力。

9.1 拍视频前，你需要设置好这些参数

各式各样的短视频软件层出不穷，也使人们通过照片记录生活的习惯逐步转变为通过视频记录生活，尤其是那些令人感动、难忘的瞬间。但总有人在使用手机拍摄短视频时产生这样或那样的困惑，比如拍摄的短视频总给人一种纪录片的感觉，不够贴近生活，再比如拍摄的短视频的画面质量无法获得更进一步提升……其实，只要你找对了方法，就会发现使用手机拍摄视频和拍摄照片都非常简单。

9.1.1 分辨率

简单来讲，分辨率就是使用手机拍摄照片和视频的清晰程度，分辨率越高，所拍摄的图片或视频也就越清晰。我们对手机拍摄的照片进行无限放大后可以发现，照片其实是由不同颜色的色块（即像素块）所组成的，组成图片的色块越多，图片的分辨率就越高，画面也就越清晰。使用手机拍摄的视频也是同理。

通常情况下，使用手机原相机录制视频时，一共有三种清晰度可供选择，分别是 720p、1080p、4K，这三组数据所表示的分辨率依次递增（如图 9-2）。在拍摄视频时，我们选择的分辨率越高，组成画面的色块也就越多，所拍摄的视频也就越清晰，该视频所占用的内存空间也就越大。所以在开始录制视频之前，我们要综合考虑清晰度与手机内存这两个因素（如图 9-3）。

图 9-2　OPPO R9s 拍摄
视频的分辨率

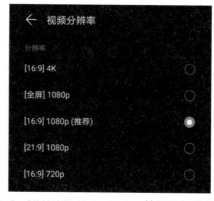

图 9-3　HUAWEI Mate 30 Pro 拍摄视频的分辨率

帧数与帧率

照片是静态的，每按一次快门，就能定格一张影像。但视频是动态的，我们也可以将视频理解为图片在短时间内连续播放。

在视频中，每一个静止的画面都被称为"帧"（Frame），为帧生成数量就是我们所说的"帧数"（Frames）。而"帧"为单位的图像在显示器出现的频率，被我们称为"帧率"（Frame rate）。

在播放视频时，每一帧静止的图像经过连续显示，形成了运动的假象。如果在一秒钟的时间内连续播放 10 张以上的静态图片，人体的视觉神经就能捕捉到这一变化，因此帧率的高低决定了画面的流畅度。早期的视频将帧率设置在了 12 帧，之后为了使视频更加接近现实生活场景，人们将其改成了 24 帧，并被持续应用于电影领域当中。但这仅限于电影画面，在日常生活中使用手机录制或观看视频，其帧率一般都保持在 50 帧左右，从而保证视频整体的流畅性。

这一点我们也可以在手机的设置界面看到。当我们选择分辨率为 720p 时，其对应的帧率是 30 帧，能够达到基本的高清效果。如果我们想要得到更高清的视频，可以选择 1080p，此时帧率提升至 60 帧，画面也变得更加清晰、细腻，即使将手机拍摄的视频发送到电脑上观看也能保证相应的清晰度（如图 9-4）。

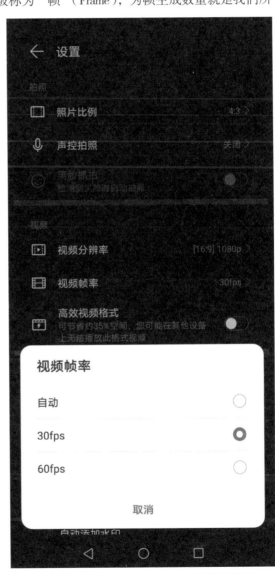

图 9-4 HUAWEI Mate 30 Pro 的视频帧率

9.2　独自一人也能拍出视频大片

　　想要拍出视频大片，有两个功能是必须要完全掌握的，一是锁定对焦功能，二是延时摄影功能。那么，这两项功能在使用手机拍摄视频的过程中会起到哪些作用呢？下面我们就来揭晓答案。

9.2.1　锁定对焦

　　智能手机摄影采用的是自动对焦模式。我们在拍摄照片和录制视频时，手机相机会自动捕捉画面当中的物体，并根据其算法进行自动对焦。在使用手机拍摄视频时，当画面中有物体经过或发生明暗变化时，焦点就会发生变化，这就会导致录制好的视频出现焦点不断变化的状况。

　　其实，在使用手机录制视频时我们完全可以锁定对焦，这也是手机录制视频时的隐藏功能。在开始录制视频以后，将手指放在需要对焦的位置按住不放，此时会出现"锁定对焦曝光"的提示，这意味着屏幕焦点已经固定到了我们所选择的位置。当我们固定焦点以后，即使画面当中出现移动的物体系统也不会重新定焦，在很大程度上提升了视频的清晰度及稳定性（如图9-5、图9-6）。

9.2.2　延时摄影

　　延时摄影是拍摄视频时经常用到的一种拍摄手法，也可以理解为对视频做了"快进处理"。事实上，延时摄影就是间隔一定时间就对拍摄对象进行拍摄，连续拍摄几十张、几百张，乃至更多的照片做成动态展示。这种拍摄手法一般用于记录变化细微，但耗时较长的影像，例如自然界的日出和日落、云潮翻涌、花朵盛开；生物界的细胞分裂、动物孵化；城市里的车水马龙、灯光变化等。这种拍摄手法将漫长的变化过程压缩在较短的时间内完成，最终以视频的形式播放出来。

　　通常情况下，延时摄影持续的时间比较长，所以我们在找好拍摄角度以后，可以借助三脚架等工具固定手机。之后选择"延时摄影"功能，就可以开始录制视频了。以 OPPO R9s 手机为例，在延时摄影的录制界面，我们可以通过点击中间的红色

图 9-5 HUAWEI MATE 30 PRO
录制视频时锁定定焦

图 9-6 OPPO R9s 录制视频时锁定定焦

按钮开始或停止录制。当我们开启延时录制后，可以通过点击左侧的按钮捕捉视频录制过程中的重点画面，并将其呈现在最终形成的视频中；点击中间的按钮结束录制；点击右侧的按钮暂停录制（如图 9-7）。

在按钮的上方显示了时间变化"00:03 → 00:00.3"，这代表了延时摄影对时间帧的压缩，也就是这段视频拍摄花费了 3 秒的时间，但在最终的成片里只占据了 0.3 秒的时间（如图 9-8）。

一般来说，手机自带的延时摄影功能都比较简单，如果想要拍摄效果更加专业的视频可以借助第三方软件来完成。Lapse it 和 procam5（IOS）可以对延时摄影的帧率、时间间隔、对比度等内容进行更加细致的调整。

图 9-7　OPPO R9s 延时摄影　　　　　　图 9-8　OPPO R9s 延时摄影的时间变化

　　还有一点需要注意，延时摄影需要拍摄大量的视频素材，所以在开始拍摄之前，一定要保证手机具有足够的内存。另外，延时摄影持续的时间比较长，所以我们在安置手机时需要考虑各种可能对拍摄结果造成影响的因素。比如我们在天桥拍摄过往的车流时，就要尽可能避免来往的行人突然出现在镜头中；在野外拍摄自然气象时，也要给手机做好防雨、防雪等措施。同时还要保证手机电量持续充足，避免出现视频拍摄到一半就无法继续拍摄的情况。